慶應義塾大学教養研究センター
極東証券寄附講座

生命の教養学——15

組織としての生命

荒金直人［編］

慶應義塾大学出版会

はじめに

　本書は、慶應義塾大学教養研究センターが設置する極東証券寄附講座「生命の教養学」の2018年度の講義録である。この講座は、2003年度に公開講座として開設され、翌2004年度から授業科目となって毎年開講されており、2018年度は16回目の講座ということになる。これまでの講座の講義録は、現在まですべて慶應義塾大学出版会から刊行されているか、あるいは刊行準備中である。

　この「生命の教養学」は、15年以上にわたって、文系理系を問わず様々な角度から「生命」を問おうとしてきた[1]。2018年度のテーマは「組織としての生命」である。初回の授業で科目責任者（荒金）によってこの講座の趣旨の説明と問題提起が為され、2回目以降の授業では、11名の専門家による連続講演が行われた。13回目の授業では12回目の講演についての質疑応答を中心に総括が為され、14回目の授業で論述形式の試験が行われた。「組織と生命について、一連の講義を元に自分の考えをまとめ、独自の考察を展開せよ。」というのが試験問題だった。

　「組織としての生命」というテーマが選ばれた背景には、二つの動機と、一つの考察がある。第一の動機は、これまでの15年間の講座で採用されていない新しい視点から生命を論じる機会を作りたかったということである。

---

[1] これまで扱われてきたテーマは以下の通り。2003年度「生命の魅惑と恐怖——生命にまつわる多彩な知をめぐって」〔講義録の題名は『生命の教養学へ——科学・感性・歴史』〕、2004年度「ぼくらはみんな進化する？——脳・性・免疫・科学と社会」、2005年度「生命と自己——今、"自分"が、"生きている"、とは？」、2006年度「生命を見る・観る・診る」、2007年度「誕生と死——その間にいる君たちへ」、2008年度「生き延びること——生死の後へ」、2009年度「「ゆとり」」、2010年度「「異形」をめぐる理系と文系の対話」、2011年度「「共生」をめぐる理系と文系の対話」、2012年度「成長」、2013年度「新生」、2014年度「性」、2015年度「食べる」、2016年度「飼う」、2017年度「感染」。

「組織」という観点から生命が論じることに、新たな可能性を感じたのである。第二の動機は、社会的な意味での「組織」に対する不安である。この二つ目の動機については、2017年春の慶應義塾塾長選挙の際に起こった事件（教職員の投票による一位推薦とは異なる塾長が評議員会で選出されたこと）を受けて、教養教育センターの本拠地である日吉キャンパス内で、大きな議論が起こっていたことに関係する。健全な組織であるためにはどのような自治のあり方が望ましいのかという問いが、不安感とともに、われわれ教職員に重くのしかかっており、組織の生について考える必要性に駆られていたのである。

次に、「組織としての生命」というテーマのもう一つの背景である、一つの小さな考察について簡単に説明したい。これは、今述べた二つの動機と無関係ではない。つまり、生命は組織である、そして組織は生命である、という二つの方向から「生命」と「組織」を考えることができる、そしてその場合、「生命」と「組織」の間には、ある緊張がある、と考えたのである。この考察の方向性は11名の講演者に予め伝えられ、講義を作成するきっかけにしていただいた。

① 「生命は組織である」。生命活動は、どれほど単純なものであっても、多くの要素からなる複合的な働きであり、構成要素間の連携が前提となる。どのような連携だろうか。それは、周囲の環境から少しでも自由になるための、ある程度持続的な、独自の一貫性のようなものではないだろうか。つまり、構成要素間の組織的な連携が生命の条件なのではないだろうか。あるいは、その様な連携が取れている状態のことを、われわれは「生命」と呼ぶのではないだろうか。

② 「組織は生命である」。組織的であることが生命の条件であり、あるいは生命の定義であるならば、生物学的な意味での組織とは異なる、社会的な組織についても、それが生命であると言えるのではないか。企業や国家などの社会的な組織は、生まれたり、成長したり、年老いたり、死んだりすることができる。復活することもできるかもしれない。組織としての生命の本質はどこにあるのだろうか。何が組織を生かしているの

だろうか。

③「組織と生命の緊張関係」。生物学的な意味でも、社会学的な意味でも、組織は生命の条件であり、あるいは生命そのものだと言える。しかし同時に、いずれの場合も、組織は生命を制限するものであるとも言える。組織は、生命を成立させ、持続させるために、生命をある枠に嵌める。そして、そうすることで生命を制限し、抑制し、阻害する。生命を破壊するかもしれない。組織を構成する諸要素を整合的に連携させ、そこに秩序を与えるためには、構成要素の動きを制限する必要があるのだ。ここには、全体と部分の間の矛盾があり、「組織」と「生命」の間の緊張がある。

生命とは何か、組織とは何か、生命という概念と組織という概念はどのように関係するのか。このような問題意識を導きの糸にして、11回の連続講演の記録を読むことができるはずである。

以下では、実際に講義が行われた順番に従って、11の講義録が並べられている。原則として、授業時間90分のうちの最初の60分を講義、残りの30分を質疑応答の時間とし、最終回の斎藤慶典氏の講義のみ、講義時間を90分とした。講義録は、最初から完全原稿を作成していただいた一例（大宮勘一郎氏）を除いて、質疑応答を除く講義の部分の録音を元に、慶應義塾大学出版会で文字起こしをした原稿に、講演者が加筆修正を加える形で作成された。

全体の流れを講演者の専門分野で見るならば、順に発生生物学、純粋数学、運動方法学、国際経営論、生命情報学、昆虫社会学、自然人類学、ドイツ文学、軍事関係史、西洋政治思想史、哲学となっており、多様な分野を横断しながらも、概ね、理系的ものから徐々に文系的なものへ移行する形を採っている。そうすることで、「生命」と「組織」についての理解が、分野を超えて拡大していくように配置されている。

以下、各講義の内容をごく簡単に紹介する。

第1回の講義（堀田耕司氏）では、発生生物学的な見地から、細胞から個体へ至る自己組織化のメカニズムを解明することで、細胞の集合体としての生物学的な意味での「組織」（tissue）が、共通の目的を達成すために協働

するという社会学的な意味での「組織」（organization）でもあるということが示される。

　第2回の講義（坂内健一氏）では、個々の構成員や構成集団に最低限の成果を義務付けるような「自己責任」型の組織よりも、リスクを冒して挑戦することを認めて失敗した場合には助け合うという、多様性を容認する組織の方が、結果的に有利であることを示すことで、社会の次元でも生物の次元でも多様性が生存政略として有効であることが論じられる。

　第3回の講義（鳥海崇氏）では、スポーツ組織における選手の指導法と、体育会や日本版NCAA（大学スポーツ協会）といった大学スポーツを支える組織のあり方という二つの観点から、スポーツと組織との関係が紹介される。

　第4回の講義（山尾佐智子氏）では、企業組織が生き残るために重要なのは多角化や多様性、更にはその多様性を統合する工夫であり、危機感を失った「認識の緩慢さ」は命取りになりうるということが、イーストマン・コダック社と富士フィルムの例から示される。

　第5回の講義（舟橋啓氏）では、ネムリユスリカという蚊の乾燥耐性（乾燥すると仮死状態になり水を加えると復活する性質）を駆動する仕組みや、それについての研究方法を紹介することで、生命現象を遺伝子制御ネットワークという一つの組織として捉えることの有効性が示される。

　第6回の講義（林良信氏）では、アリやシロアリなどの社会性昆虫が、個々の個体をある程度犠牲にしながらも分業や協力によって集団単位で高い生産性を実現し、そのことによって、自らの子孫を直接残すことができない場合でも、血縁者の生存率を高めることで間接的に自らの遺伝子を残す確率を高めていることが示される。また、個体間の利害対立が、集団間の競争圧力によって抑制されている点も説明される。

　第7回の講義（河野礼子氏）では、人類の進化過程における二足歩行、犬歯の小型化、脳の大型化といった、化石によって確認できる身体的特徴を、現在の霊長類における身体的特徴と社会構造との関係と比較することで、それ自体は化石として残らない「集団」や「群れ」という組織が、人類の進化

過程でどのように現れたのかということが考察される。

　第8回の講義（大宮勘一郎氏）では、文学作品を通じて、生と死が不可分であることが論じられる。死が生に倫理的に働きかけて生を律したり、命懸けで自由を守ろうとして生と死を交錯させたり、他者の犠牲の上で生存したりする中で、生と死の組織化が図られるのである。

　第9回の講義（黒沢文貴氏）では、軍隊という組織が時代とともに自らのあり方や存在意義を、環境に適応する生命体のように変化させてきたことが示される。近代日本においては、明治以前の地方割拠的な武士集団から中央集権的な国民皆兵軍隊へ変化し、近代化を主導する組織として機能したのちに、より国民主導の組織へと変化して、しかし昭和期に入ると「国軍」から「皇軍」へと変質するのである。

　第10回の講義（田上雅徳氏）では、非自発的な結社（自発的選択の対象ではなく「そこに産み落とされるもの」としての共同体）として、西洋においてその地位を競ってきたキリスト教会と国家は、どちらも自らを単なる法組織ではなく、一つの生命体として理解しようとしてきた、ということが示される。

　第11回の講義（斎藤慶典氏）では、世界は「基付け関係」（基付けられたものが基付けるものに還元されない新たな存在秩序を開くという関係）によって階層を成しており、生命の次元は物質的秩序からの「創発」によって開かれることが論じられる。また、生命という存在秩序は、生命そのものの存続をその最終目的とし、自己再生産とそのための（諸価値および自己の）認知すなわち「現象」によって定義されることが示される。そして、厳密な意味での「自由」とは、生命の存在秩序の根本原理である自己維持とは異なる次元に位置するはずのものであることが論じられ、その可能性についての考察の方向性が示される。

　以上の11の講義は、それぞれが独自の仕方で「組織」というものを解釈した上で「生命」を論じている。論じている次元も、その方法も、その内容も多様であり、一つの結論にまとめることはできない。しかし11の講義は、それぞれ異なる仕方ではあるが、「生命」を考えるためのある一つの方向を指

し示しているように思われる。と言うのも、常に何らかの秩序と何らかの多様性が問題になっているのである。そしてまた、11の講義は、その方向での考察が突き当たるある一つの同じ問題を提起しているようにも思われる。つまり、秩序と多様性を両立させて生命に意味を与えようとすればするほど、生命にとっての意味が、生命を担う個体にとっての意味に一致しないという問題である。それは、生命の意味を、生命の組織的なあり方に求めてしまっているからなのかもしれない。もしかすると、生命に意味を与える以外の仕方で、生命を理解するべきなのかもしれない。しかし、そんなことが可能だろうか。生命のあり方を学問的に理解しようとすることと、生命の尊さを理解しようとすることは、別のことなのだろうか。同じことなのだろうか。

2019年3月

荒金　直人

極東証券寄附講座「生命の教養学」2018年度企画委員
　　　荒金　直人（理工学部　准教授：委員長）
　　　下村　　裕（法学部　教授）
　　　伏見　岳志（商学部　准教授）
　　　西尾　宇広（商学部　専任講師）
　　　髙山　　緑（理工学部　教授）
　　　沼尾　　恵（理工学部　専任講師）
　　　松原　輝彦（理工学部　専任講師）

目　次

はじめに　　　　　　　　　　　　　　　　　　荒金　直人　　i

細胞から個体へつなぐ組織としてのルール　　　　堀田　耕司　　3

生存戦略としての多様性　　　　　　　　　　　　坂内　健一　　23

スポーツ組織としての生命　　　　　　　　　　　鳥海　　崇　　35

企業組織の寿命　　　　　　　　　　　　　　　　山尾佐智子　　55

生命現象を組織として理解する　　　　　　　　　舟橋　　啓　　71

昆虫の社会
　　協力と裏切りがうずまく組織　　　　　　　　林　　良信　　91

人類進化の群れ・集団・組織　　　　　　　　　　河野　礼子　　113

慣習としての生命／出来事としての生命
　　生命・生活・生存　　　　　　　　　　　　　大宮勘一郎　　137

生命体としての軍隊　　　　　　　　　　　　　　黒沢　文貴　　159

宗教の組織と政治の組織　　　　　　　　　　　　田上　雅徳　　177

現象と自由　　　　　　　　　　　　　　　　　　斎藤　慶典　　191

組織としての生命

生命の教養学15

細胞から個体へつなぐ組織としてのルール

堀田耕司

(ほった こうじ)慶應義塾大学理工学部生命情報学科准教授。1973年生まれ。京都大学大学院理学研究科博士後期課程修了。専門は、進化・発生生物学。脊索動物の発生および進化の研究に従事。大学院時代から実験動物として海産無脊椎動物ホヤを使っているが研究のネタが尽きない。

はじめに

　慶應義塾大学理工学部生命情報学科の堀田耕司です。私は、この学科で、発生生物学を研究しています。「発生」とは、簡単に言うと、卵から個体が成長していく様子を言います。そのカラクリを明らかにしたく、研究を進めています。

　さて、発生生物学者の立場から、この生命の教養学のお題「組織としての生命」を解釈してみよう、というところから、この講義を始めたいと思います。

　図1は、さまざまな脊椎動物の発生過程を、進化の順番に描き表した図です。1800年代に活躍したドイツ生物学者であるエルンスト・ヘッケルがスケッチしました。左から魚、カメ、は虫類、鳥類、続いて哺乳類のブタ、ウサギ、そして一番右が人になっています。上の方にはそれぞれの生き物の発生の早い時期の姿があり、縦方向に幼生ができていく様子が描かれています。私は、それぞれの生き物が、どうしてこのような形になっていくのだろう、ということに非常に興味があります。また、発生の非常に早い時期は、どれも似た形に見える、ということにも気付きます。さらに、左から右に沿ってある程度進化の順番を示している図

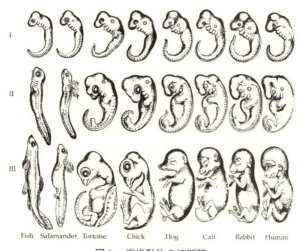

図1　脊椎動物の初期胚
（1874年にエルンスト・ヘッケルによって描かれた動物胚の図のコピー）

にも見えます。

1．組織としての「生命」

　ここで、本日のテーマ「組織としての生命」というところの「生命」とは何かを考えてみましょう。さまざまな生命の捉え方があると思います。

　まず、動物行動学者のニコ・ティンバーゲンから見た生命の捉え方を見てみましょう。例えば「鳥はなぜ飛ぶの？」と聞かれた場合に皆さんはどう答えますか。ニコ・ティンバーゲンは、この1つの疑問に対して4つの異なる答え方ができるのが生命の特徴だということを示しています。

　1つ目は、翼が発生したから、という発生学的な答え方。もう1つは、翼に空気が流れると揚力が生じるので飛ぶのだというメカニズムからの答え方。それから、もともと飛べないは虫類のような恐竜が進化して、

始祖鳥のようになって、その始祖鳥が鳥の先祖でそこから翼がだんだん進化をしてきて、羽毛に変わっていって飛べるようになった、という進化的な答え方。最後に、飛ぶことで圧倒的に外敵から身を守れるという適応的・進化的な答え方。

ほかにもユニークな生命の捉え方をした学者がいます。ノーベル賞物理学者エルヴィン・シュレーディンガーです。彼は、生命を生物物理的な捉え方で表現しました。つまり、生命とは負のエントロピーを食べて生きるものという捉え方です。いずれ死ぬというのは物理的にはエントロピーが最大の状態で一番平衡の状態に達した状態です。我々はその平衡の状態に達しないように、負のエントロピーを食べてその死から免れるように生きているという捉え方です。彼はまだ遺伝子の実態がDNA、二重らせんであることが知らされる前に生きていた方ですが、すでにDNAが非周期性結晶だということも予測をしていた方で、このようなするどい洞察をされています。

発生を研究している立場から申し上げると、「生命」は個体（オーガニズム）として捉えてみるのがよさそうに思います。生命＝個体と考えたとき、特徴にはどのようなものがあるのでしょうか。私たちは多細胞生物であり階層構造を持ちます。細胞が集まって組織（ここではティシューの意味）ができ、この組織が集まって器官ができます。さらに器官が集まって個体（オーガニズム）が構成されます。では個体とは単なる組織の集合体かというと、それだけでは説明できないさまざまな性質があるような気がします。つまり、個体（オーガニズム）は細胞や組織（ティシュー）などの個別の要素の振る舞いからは予測できないようなシステムとして構築されています。組織（ティシュー）と個体（オーガニズム）というのは、階層をまたいだ異なる組織で、この２つには大きなギャップがあり、特に生物学的に細胞から組織、組織から個体へ階層をまたぐとき、いったい何がそうさせているのか。そこを考えることが

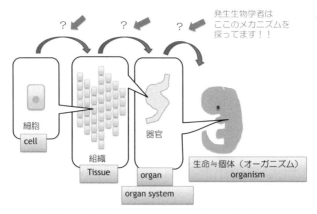

図2　生物学でいう組織は階層構造の一部である

できれば、今回の主題に到達できるように思います（図2）。

2．組織とは——社会科学的な見方と生物学的な見方

　それでは、組織について考えてみましょう。組織を「ウィキペディア」で引いてみると2通りの意味が書いてあります。

　1つは、社会科学的な意味で、「共通の目標を有し、目標達成のために協働を行う、何らかの手段で統制された複数の人々の行為やコミュニケーションによって構成されるシステムのこと」。これは、今回の講演の依頼文にあった「組織とはオーガニゼーション」ということと同じ意味合いでかつ、発生学的な個体（オーガニズム）を指す意味だと思います。

　もう1つは、生物学的な意味で、「**何種類かの決まった細胞が一定のパターンで集合した構造の単位のことで、全体として1つのまとまった役割を持つ**」。つまり、英語のティシューという意味です。このように世の中ではなぜか日本語の組織という言葉はオーガニゼーションとティシューという2つの意味を内包していると言えます。

3．自己組織化

　細胞が組織になるために何がそうさせると思いますか。細胞をいっぱい集めて手でぎゅっぎゅっぎゅっと固めたら組織になり、組織をぎゅっぎゅっぎゅっと固めたら器官になるのでしょうか。そうであれば、誰が固めているのでしょうか。たくさん疑問が湧きますね。

　答えを言うと、ほかでもなく細胞自身が組織になったのです。これを自己組織化と言いますが、各階層をまたぐときに自分で組織化しているのが、生き物の面白いところですね。この自己組織化のメカニズム、すなわち細胞の集団が自立的に複雑な構造を生み出す機序を知ることが生命を理解するためには非常に大事です。

　2015年に、試験管の中で自己組織化によって目を作ることに成功した話があります。目の一部の組織で、眼杯という組織と器官を自己組織化しました。マウスからES細胞を採取し、ある条件のもとにおくと、細胞が分裂しながら組織が形成されていくのです。しかし、この詳しいメカニズムはまだ解明されていません。

　しかしながら、確かに生き物は自己組織化することがわかります。発生生物学者の私としては、この細胞から個体へつながる組織としてのルールやメカニズムを知りたいと強く思います。言ってしまえば、発生学というのは、自己組織化の過程を調べることとも言えます。ただ、個体を構成する細胞の自己組織化を調べようと思うと、ヒトの細胞は最終的に37兆個あることを考えると、そのすべてを追いかけて見るのは、やはり不可能に近いです。その中で組織がどのように構成されるかを把握するのも非常に難しいことです。もし皆さんが研究者だったらこの自己組織化についてどのように調べようと思いますか。私は、解決策の1つとして、複雑なシステムがあった場合に、それを単純化する方法があると考えます。

　例えば世界の人口の内訳を把握したいとき、世界中の63億人の人口を

ぎゅっと圧縮して100人にしたら理解しやすいでしょう。「世界がもし100人の村だったら」というお話ですが、これは非常にわかりやすいですね。世界中の人口が100人とした場合、男女の比がおよそ52人と48人とわかると、「あ、男性が多いんだな」や「7人がお年寄りか、日本と違ってそんなに高齢化していないんだな」など、内訳というのは、数が少なくてスケールが小さければ小さいほど、非常にわかりやすく感じます。

　つまりこれを生物の組織化にあてはめると、37兆個からさらに規模を小さくするといいのではないでしょうか。つまり巨大な生き物ではなく、もう少しコンパクトでわかりやすい生き物を調べればよいという発想に転換できるわけです。ハエを研究している人、センチュウを研究している人など、ヒト以外を対象にした生物学者は実にたくさんいます。それはなぜかというと、今申し上げたような発想に基づいているからです。非常にシンプルな実験系を使えば、難解なことも解きやすくなるという考えで、研究する対象を決めています。

4．自己組織化のルール──ホヤの研究からわかること

　その中で私が選んだのはホヤという海にいる動物です。ホヤは非常に小さく、幼生で約1ミリ以下の大きさです（図3）。これだけ小さいにもかかわらず、実は脊椎動物に最も近縁な生き物で、発生するときの形や様式も似ているわけですね。どれだけ似ているかというと、ヒトとホヤには、この動物門しか持たない共通する特徴があるのです。脳と脊髄、咽頭、筋肉質の尾があるという点です。共通するこれらのものがあるので、ホヤは脊椎動物の個体がどのようにできてくるのかを調べるのに非常に役立つのです。実際にホヤの幼生も、これらの特徴を兼ね備えています。しかも、ヒトが成長するのにおなかの中で10ヵ月かかるわけですが、ホヤは非常に発生が早いです。朝、受精させると、次の日にはもう

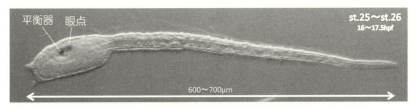

図3　体の構造がシンプルなホヤの幼生

孵化してオタマジャクシ幼生になっています。約30分に1回分裂が起こって、あっという間にしっぽが伸びて、12時間後にはオタマジャクシの原型となる尾芽胚ができ上がっています。このように非常に早い速度で発生するので、発生を研究する上で重宝しているのですね。

このような発生が早くシンプルなホヤを使って、私は、体の中のすべての細胞の内訳を見たいと思いました。そこで、最先端の顕微鏡技術を使い、断層画像を撮りました。これでおよそ100枚の断層画像を見ることができます。そうするとコンピューター上で3次元構築することができて、体を作っている細胞の内訳を理解することができるわけです。

① ルールその1

当時博士課程の学生だった中村允君が、この細胞がどのような組織なのかを1つひとつカウントし、全部の細胞をCG化しました。図4は先ほどの共焦点顕微鏡を使って、実際のホヤの細胞配置をランダムに色分けして細胞1つひとつを区別して見えるように作った模型です。このようにすると、ホヤの胚を1細胞ごとに全部明らかにすることができます。この結果、ホヤは、1,579個の細胞からなっていることがわかりました。例えば皮膚に相当する細胞は836個あります。口は4つの細胞でできています。これは心臓になる予定の細胞ですが、左右2つずつあって、脳に関してはわずか240個の細胞でできています。ホヤは非常にシンプルな生き物ということがわかりますね。筋肉は左右正確に18個ずつありま

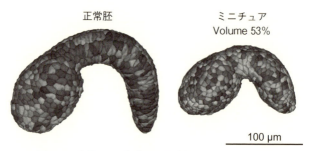

図4 3次元CGで作成した正常胚とミニチュア胚の

す。この18対の筋肉細胞が左右交互に収縮することで、しっぽを振って泳ぐことができます。非常にシンプルな生き物だというのがおわかりいただけると思います。

　今のところ全2個体を見ていますが、この内訳はほとんど変わりません。それでは、各組織を構成する細胞数や体積はどのような場合も変化しないのでしょうか。環境に対する変化を与えたとき、この数が変化するかどうかを見れば、細胞から個体に移るときに隠れたルールがわかるかもしれないと思いました。

　次に、当時大学院生だった小泉航君が、特殊な技術を使って、卵のサイズを小さくし、どのぐらい小さな卵から正常に発生することができるかを調べました。言い換えると、組織のルールとして物不足が生じたときに、それぞれの組織がどのような対応をするのかということです。物資や資材が少なくなったとしても、結果として家を建てられるのでしょうか。

　さまざまな大きさの卵を作ることから始めました。普通の卵は直径約140マイクロメートルありますが、これより小さなサイズの卵を多数作成し受精しました。この研究は現在大学院生の松村薫さんに引き継がれ、解析の結果、オタマジャクシの幼生ができたのは、少なくとも卵の体積が普通のサイズの卵の44％以上のものからのみでした。

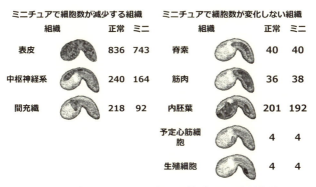

図5 正常胚とミニチュア胚の組織ごとの細胞数比較

　この結果から、オタマジャクシ幼生に至る自己組織化にはある一定サイズ以上の卵が必要であることがわかりました。この小さい卵から発生してきたミニチュアの小さいホヤを構成する全部の細胞をCG化しました。体積を測ると53%ほどでしたが、しっかりとホヤの幼生の形ができています（図4）。その内訳について知るためにまず、細胞の数を数えました。そうすると、非常に興味深いことがわかりました。小さいホヤではすべての組織において細胞の数が減少するはずだと考えたのですが、減少しない組織も出てきたのです。これは不思議なのですが、卵のサイズが小さいとミニチュアのホヤは確かにできます。ですが、ある組織は細胞の数を変えないのです。これはどういうことなのでしょうか。

②ルールその2

　正常のホヤの細胞の数の内訳は、神経細胞は約300、内胚葉は約100、脊索は40です。当初では卵半分の体積にしたら数も全部が半分になるはずだと予想しました。しかし、そうではありませんでした。特定の組織に関して、その数は変わりません（図5）。このようなルールとも言うべきものが見つかってきました。なぜそのようなことが起こるのでしょ

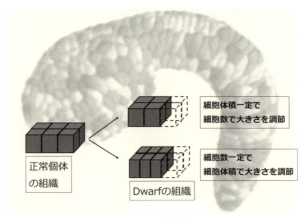

図6　個体の形態を維持するために組織ごとに異なるスケーリング戦略（体積一定or細胞数一定）がある

か。実際にホヤの模型を作っているので、各細胞の数以外に体積も測ることができます。そこで体積も測ってみました。そうすると面白いことに、各組織ごとの体積の個体全体の体積に対する割合はミニチュアホヤでも全部一定でした。ですが、それにもかかわらず数としては、変わる組織と変わらない組織があるのです。

　各組織の1細胞当たりの体積を詳細に計測してみると、中枢神経、表皮、間充識という3つの組織に関しては、ほとんど正常胚とミニチュアで変わっていないので、おそらく1細胞当たりの体積が変わっていないと考えられます。つまり、これらの組織は単純に細胞数を減らしているということです。一方で、脊索、筋肉、内胚葉、心臓の筋肉細胞などは細胞数を変えずに1細胞当たりの体積だけを減らしているということがわかってきました。また、生殖細胞は卵の体積を変更してもその数や1細胞当たりの体積は変わりませんでした。

　以上をまとめると、自己組織化にはある一定のサイズが必要ということがわかります。もう1つは、個体の形態を維持するために組織ごとに

資材をどのように振り分けるかで組織毎に戦略が異なる。
ある組織は6階建てビルから4階建てに変更
ある組織は豪邸から小さな一戸建てに変更

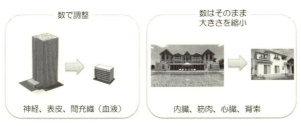

図7　組織のルール：物不足への対応

異なるスケーリング戦略があって、ある組織は1細胞当たりの体積を守りたい、ある組織は細胞の数を一定にしたいという、2つの戦略があるということが見えてきました（図6）。自己組織化のルールその2、ですね。これは先ほどの物不足でのたとえで言い換えてみると、資材をどのように振り分けるかは、組織ごとに戦略が異なってくるということです（図7）。ある組織は6階建てのビルを建てようと思ったが資材が減ったので階数を減らすというように、数で調整する組織。ある組織は、豪邸から小さな一軒家に変えるというように、数はそのままにして大きさを縮小する組織。このような戦略の違いが組織ごとにあるということがわかってきました。

③ルールその他

　さて、ほかにはどのようなルールがあるでしょうか。ある学生が、胚がなぜ曲がっているのかを調べました。先ほどの図1を見ていただくと全部腹側にしっぽが曲がっています。彼は、何で曲がっているのか疑問を持ったのです。細胞や組織からどのようにして曲がった形を作り出すのかを研究しました。真っすぐなものを曲げようと思ったら筋力が必要で、筋力は力で曲がると。したがって、この細胞にも力を生み出してい

るメカニズムがあるはずだと考え、その力を生み出すタンパク質を調べました。筋肉は力を産生するのに、アクチンとミオシンが必要です。アクトミオシンが収縮します。そこでミオシンのリン酸化の働きを調べたのです。ホヤのしっぽが曲がっていくときにミオシンのリン酸化が、ホヤ胚の腹側で局所的に起こっているということがわかりました。それでは、それはどのような力か、この力を見るための実験をしました。力が発生しているとすれば張力がかかっているはずです。その張力がかかっているところをレーザーで切断すると、その張力は緩和されます。その緩和の様子を見ることで、実際に腹側に張力がかかっているということを示すことができます。

　顕微鏡で観察しながら、狙ったところをレーザーカッターで切ります。腹側の表皮です。そうすると、レーザーでカットした瞬間に腹側への曲がりが緩和されます。つまり、腹側にため込まれた張力が、レーザーによる切断で解放された状態になる様子を捉えたのです。これで力の証明ができました。試しに背中側もカットしていますが、背中の表皮をカットしても何も動きません。ということは、背中側は力をため込んでいないことがわかります。

　結果として、胚は腹側のある一部の組織のミオシンがリン酸化されて、その細胞だけが張力を生じさせて縮もうとし、そのため周りの組織が引っぱられて個体の形が曲がる、というメカニズムが解明できました。

　このような実験により、ある一部の組織が力を生み出して個体全体の形を制御しているといった、組織としてのルールが見えてきました。

　最後にもう1つ、ホヤでわかってきたことをご紹介したいと思います。一般的に発生が進むにつれ細胞は分裂して数が増していくとともに異なる組織ができて複雑化します。コンラッド・H・ウォディントンという生物学者が言ったキャナライゼーションという言葉で表されます。生き

物というのは発生が進んでいくにつれて、もともと卵だったものが分裂してそれぞれの役割が分岐していくイメージがあり、どんどん複雑化していく傾向があるということです。

これについて、イタリアの研究者と一緒に、共焦点顕微鏡でホヤの各ステージの組織の数を数えました。ホヤは卵から発生し、幼生になってその後は変態が起こり、大人になるのですが、そのときどきの組織の数を縦軸にカウントしていきました。そうしたところ、面白いことに、変態の時期に組織の構築物を半分失っていることがわかりました。つまりホヤは細胞組織、器官という階層構造をいったん大幅に失って、再度構築しているのです。これも組織を作る上でのルールと言えます。組織というのは途中で作り直せる、ということです。

これはiPS細胞やES細胞などの幹細胞でも言えることですが、1回筋肉や乳腺細胞などの組織になった後に、もう1回その細胞運命をリセットできるということです。1回造りかけていた家を、壊してもう一度、また別の建物に変える、こういう柔軟な能力を生物は潜在的に持っているようです。

このようにして見ていくと、先ほど申し上げた、社会科学の意味での組織と生物学の意味での組織は似ているところもあるのではないかと考えられます。特に、共通の目標を有して、目標達成のための協働を行うという点です。発生という、組織を作るための共通の目標を持ち、いかにも細胞同士が協働しているように見えて、まさに生物学的な意味の組織（ティシュー）というのは社会科学的な意味を含んでいるのではと推測できるわけです。

つまり、生物の組織というのは、単なる細胞の集合と書いてありますが、そうではなさそうだと捉え直すことができます。その証拠に、細胞は非常に人間的な振る舞いと言いますか、面白い振る舞いをすることが知られています。その例をホヤ以外の動物でもお伝えしたいと思います。

5．生物の組織とは

　細胞は、たくさん集まると、集団運動をするというのは知られています。これは北海道大学の芳賀永先生のお仕事ですが、細胞をお皿の上で飼っていると、その中で自然発生的にリーダー細胞というのが生まれてきます。そのリーダーが残りのフォロワーを連れて動き回る実験が観察されています。扁平（へんぺい）なうちわのような形をしているのがリーダー細胞で、これはどこからともなく生まれます。それが後ろのフォロワーを率いて、培養皿の上で動き回ります。フォロワー細胞はリーダーに付いていく細胞です。こういうのは自然発生的に、まさに自己組織化を起こして生まれるのです。それでは、リーダー細胞を取ってしまったらどうなるか。いなくなると、交通渋滞が起こりその先に進めないということが起きます。フォロワーが混乱している様子が見られます。

　集団運動を起こすのに必要な遺伝子が知られています。特定の遺伝子をつぶすと、フォロワー細胞がほとんど動かない状態になっているケースもあります。例えば形はリーダー細胞の形なのですが、ほとんど動けない非常に消極的なリーダー細胞になってしまいます。インテグリンという細胞外基質を阻害すると、今度はリーダー細胞が丸くなってしまいます。フォロワーが非常に減る様子が見られます。最初は結構な集団で動いていますが、インテグリンを阻害すると非常に細い集団に変わっていくのです。ほかにもPI3Kという遺伝子を阻害すると、リーダー細胞は非常に委縮して本当に小さくなってしまいます。引きこもりみたいな状態になるのです。この様子を見ると、もともとは全部均一で一様な細胞集団ですが、まるで人間の組織みたいにさまざまなことが起こるのがわかります。

　培養皿の上で飼っている細胞だけでなく、実際の生体の細胞でもこのような現象が見られます。カイメンという、海にいるスポンジ状の生き物がいます。カイメンは、骨片というカルシウム、ケイ酸質などの破片

図8　骨片をつみ上げてつくられるカイメンの美しい構造
（エルンスト・ヘッケル "Kunstformen der Natur"〔1998〕より）

のようなものを上手に組み合わせて自分の体を作っていきます（図8）。カイロウドウケツというカイメンは、骨片を積み上げて、まるでピサの斜塔のような殻を作ります。非常にきれいな骨片の塔で、中国では贈り物として使われています。このようなカイメンの骨片は、実は細胞の1個1個が、建築資材を運びながら作っていることが、最近わかってきました。これは京都大学の船山典子先生が明らかにされたのですが、まさに協働と呼べる自己組織化です。その細胞の1個1個は設計図を知らないのに、このようなものを作ることができます。

　このようにして見ると、ほかの生き物でもそうですが、まずは、特別な役割を持った細胞が自然発生的に生まれることがわかります。組織を構築する共通の目的のための協働を行っているのです。これはまさに社

会科学的意味の組織に非常に近いということが、皆さんにもわかっていただけるかなと思います。生物の組織（ティシュー）は社会科学的意味での組織（オーガニゼーション）に、実は近いのではないでしょうか。

ウィキペディアの組織（社会科学的意味における）の説明文の後半に、「何らかの手段で統制された複数の人々の行為やコミュニケーションによって構成されるシステム」。とあります。細胞がこのコミュニケーションを行っていることがわかれば、生物学的な組織（ティシュー）は社会科学的な意味を内包することとなり、オーガニゼーション（組織）と一緒ではないかと考えられるのです。

これについて、解明したいので、ホヤでも調べましたが、細胞同士がコミュニケーションをとっているかどうかというのは、普通の光学顕微鏡で観察したかぎりではわかりませんでした。しかし、これを見える化することができる技術があります。蛍光タンパク質を使うのです。これは、2008年に、オワンクラゲの緑色蛍光タンパク質（GFP:Green Fluorescent Protein）を発見してノーベル化学賞を受賞された下村脩博士の研究の功績ですが、まさにこの蛍光タンパク質が、今では発生生物学の中で大活躍をしていて、私はこれを細胞のコミュニケーションを見るためのセンサーとして使っています。

先ほどお見せしたホヤの発生ですが、しっぽが成長する時期は普通の光学顕微鏡で見ても、特に皮膚の組織は何かしているようには見えないのですが、細胞の中のカルシウムイオン濃度が上昇したときに光る蛍光タンパク質を導入すると、その細胞の中で起こっている現象を目で見ることができます。図9は同じ時期のカルシウムイオン濃度の変化ですが、しっぽが伸び始めると一気に表皮のあちこちで電飾のように明滅している様子がわかります。これはすなわち、カルシウムイオン濃度が表皮全体で激しく変化していることを意味します。この結果は昨年、世界で初めて赤星太一君が卒業研究で明らかにしました。このようにホヤの表皮

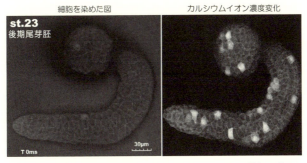

図9 ホヤの表皮の細胞はじっとしているように見えても
活発なカルシウムイオン濃度の変化がある
(Akahoshi et al., 2017)

の細胞はじっとしているように見えても、活発なイオン濃度の変化があるということがわかってきたのです。

　このカルシウムイオン濃度変化は表皮以外のさまざまなところで起きています。その中で最も盛んに濃度変化が起きているのは我々の脳です。神経細胞が興奮する、とよく言いますが、興奮に従ってカルシウムイオン濃度が一気に変化します。ホヤのいいところは、それを顕微鏡下で全部見ることができるところです。ホヤの頭だけを撮ると、そのホヤの脳の神経細胞が1個1個、興奮している様子が見られます。つまりホヤが考えていること、ホヤが今何を感じているか、この信号を調べればわかるのです。

　哺乳類での表皮の細胞がコミュニケーションしている例を紹介します。岡崎基礎生物学研究所の青木一洋先生が研究されているのですが、マウスの皮膚は損傷すると、ERKというシグナル伝達分子の酵素活性が、傷口から波のように伝わっていることがわかりました。このように蛍光タンパク質を用いた見える化する技術を使うことで、細胞同士がコミュニケーションをとっていることが見えた好例だと思います。これは私の中でとてもホットな話題です。

冒頭で、組織には社会科学的な意味でのオーガナイゼーションと生物学的な意味でのティッシューという2つの意味があると申し上げました。発生生物学的な観点から後者の一通りのルールを紹介しつつティッシューの性質を考えると、前半の社会科学的意味でのオーガナイゼーションという性質を生物学的な意味でのティッシューは内包しているのではと私は感じます。つまり、生物の組織は単なる細胞の集合体として存在しているのではなく、おそらくコミュニケーションという大事な相互作用を介して、自己組織化を行うことのできるオーガナイゼーションなのではないかと考えます。

おわりに

　以上が、私の考える「組織としての生命」です。細胞から個体へつなぐ組織としてのルールを1つひとつ知ることで生命とは何かを考えることができました（図10）。つまり、まず細胞があり、細胞が寄り集まってティシュー（組織）ができる。そのままでは本当に単なるティッシューなのですが、このティッシューはコミュニケーション（相互作用）をしていました。ご紹介した研究から自己組織化には、ある一定水準のサイズが必要であること、そしてコミュニケーションが不可欠なルールであることがわかります。

　そして、この自己組織化は、非常に環境に対して柔軟です。なぜなら組織のリソースを減らした場合でも組織が異なるスケーリング戦略をすることで、組織としての機能を発揮しているからです。組織は、途中で作り直すこともできます。また、リーダー細胞が消滅しても、自然発生的に別のリーダー細胞が出てくるようになっていることからも、柔軟な環境変化に対応できるシステムであるということが、伺えます。また、セルフ・オーガニゼーションをすることで特定の形を生み出すことがで

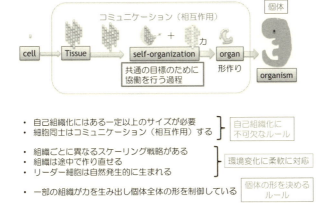

図10　細胞から個体へつなぐ組織としてのルール

きます。例えば、曲がった組織は先にご紹介したホヤの幼生の尻尾のように全細胞が力を生み出す必要はなく、一部の組織が力を生み出すことで個体全体の形を制御していることがわかります。エネルギーコスト的にこの方がよいからなのかもしれません。このようにして細胞が集まったティッシューから自己組織化（セルフ・オーガニゼーション）が生じることで器官（オーガン）ができ、最終的に個体（オーガニズム）、すなわちこの講義で言う生命にたどり着くのではないかなと考えています。

　まだまだ発生生物学はわからないことだらけなのですが、このような細胞から個体へとつなぐ組織のルールを探し出していくことで、発生生物学の視点から生命とは何かということを今後も研究していきたいと思っています。

生存戦略としての多様性

坂内健一

> (ばんない けんいち)慶應義塾大学理工学部数理科学科教授。東京大学理学部数学科卒業後、東京大学大学院数理科学研究科で博士の学位を取得。専門は純粋数学分野の数論幾何。特にポリログ関数と呼ばれる特殊関数の数論幾何的解釈及び、整数論への応用を研究している。最近では人工知能・機械学習の理論研究にも関わっている。

はじめに

　慶應義塾大学理工学部数理科学科の坂内健一と申します。専門は純粋数学の中の、数論幾何という分野です。数学は、1人で一生懸命勉強するというイメージがあるかもしれません。しかしながら、実際に数学の研究を行う場合、さまざまな人との議論を通して共同で研究を進めることが多く、どのようにさまざまな人とうまくチームを組んで研究を進めて行くか、ということが非常に大事です。私自身、これまでの研究活動を通して、組織としてどう研究すればよい成果が得られるかということについて、考え続けて来ました。私自身、生命の専門家ではありませんが、どのようにしたら、想像力豊かな組織をつくるかという観点から、今日、何かご説明できたらよいと考えています。

競争と成果主義

　さて、生命とは生き物ですが、生き物が進化して行くためには競争が必要だとか、競争に勝つ方が良いだとか、言われます。このような競争

と、それを肯定する成果主義は、人間の社会の話をするときにも登場しますし、生物の世界や生き物の世界も「弱肉強食なんだから」と、競争と成果の話が生命の話と絡めづけられて話されたりすることもあります。それでは生命の進化において、競争の果たす役割にはどのようなものがあると思いますか。競争とはよいものでしょうか。悪いものでしょうか。

> 学生1　「競争があるからこそ、より環境に適した形で生き残れる」と考え、それゆえ競争は必要だと思います。
>
> 学生2　進化をしていくには競争が必要だと考えています。「劣っているものが淘汰されていいものが残るからこそ進化していくのだ」と思っています。しかし、一方で、すでに遠い昔に、ピタゴラスの三角形の三角数が非常に高い精度で書かれていますが、そういうものが昔からあったということは、「今の人類は本当に進化しているのだろうか」という疑問も感じます。そう考えると、「競争によって進化が生まれる」ということは、必ずしも言えないのではないかと思っています。
>
> 学生3　進化するためには競争が必要だとは思いますが、例えばスポーツ界のドーピング問題のように、「競争」というものを履き違えた結果、進化しているはずが、「心身ともにぼろぼろ」なケースも考えられます。したがって、必ずしも競争が進化を助けるわけでもないのではないかと思います。生命についてもそうですし、社会的な組織や企業にも言えることかもしれません。

ありがとうございます。皆さんの意見をまとめると、競争は進化をもたらすために必要な側面もあるけれど、競争にばかりに視点がいってし

まうと、競争に勝つことだけに集中してしまい、むしろ求めていた進化ではないことが起こってしまう可能性もあるという、そういう意見かと思います。

それでは、そもそも進化とは良いものなのでしょうか、正しいものなのでしょうか。今のお話では皆さん、「進化とは良い方向へいくこと」という意味で捉えているようなので、議論の前提として、進化は「良いこと」と仮定しましょう。また、良い方向への進化をもたらすためには、「競争が有用だ」という話がありましたが、競争がある程度良い進化に貢献できるという前提で話をしてみましょう。そうでない可能性もたくさんありますが、ここでは、そういうことにして、議論を進めてみましょう。

そうすると、「どういう競争が良いか」「競争でうまくいっている、いっていないということは、どのように判定するか」という問いが出てくるかと思います。その流れで、成果主義という考え方が現れますが、この成果主義についてはどう思いますか。

学生4 「勝てば官軍」という言葉があります。新撰組の土方歳三が「貫けば誠になる」と言っていましたが、彼自身は官軍に負けてしまいました。つまり、結局、競争に勝った方が次の時代の倫理観をつくっていくのではないかと思います。「成果主義が良い」「成果主義が悪い」ということではなく、成果主義は世の中の仕組みを表しているように思います。

ありがとうございます。今の意見は、例えば、結局勝つか負けるかという成果によって、勝った人がいろいろと決めることができるという展開になるので、実際、成果主義が倫理的か、倫理的でないか、ということは超越しているのではないかということですね。つまり、「結局成果

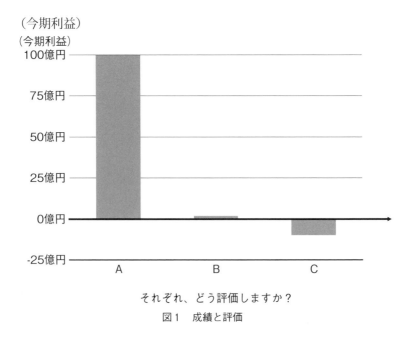

それぞれ、どう評価しますか？
図1　成績と評価

を出した人が生き残る」というご意見ですね。

学生5　競争が進化の役に立つと仮定した場合、成果主義がどれだけ進化に役立つかという、指標としての役割を持っているのではないか、と考えました。例えば、先ほどお話されていたドーピングのように、成果を求めるあまり、ありもしない成果をつくろうとしてしまい、結果として進化の妨げになるようになってしまうのではないでしょうか。したがって、私たちが成果主義に振り回されてしまうと、そもそもの目的と食い違うものになってしまうのではないかと思います。

　成果主義は、何かはっきりしたものがあるようないわれ方をすることが多いですが、本当はその測り方にはいろいろと議論があるところだと

思います。

　それでは、あなたが企業の社長になったところをイメージしてください。その企業には、チームA、B、Cという3つチームがあるとします。今期利益を、Aチームは100億円、Bチームは1億円出しました。一方、Cチームはマイナス10億円になってしまったとしましょう（図1）。こういうA、B、Cというチームがあったとき、あなたが社長だったらどう評価し、それぞれのチームに対し、どのような報酬やペナルティーを設けますか。

> **学生6**　これが今年度の成績だとしたら、この数字だけでは評価したくありません。なぜなら、前年度に比べて、例えばCチームが、去年度がマイナス30億円だったのに、今年度マイナス10億円までなったならそれは成果を上げているということができるし、また別の見方として、例えばCチームは、AチームやBチームに比べて人数も少ないのに、そんなに損害を出さなかったのであれば、Cチームも評価したいと考えています。一概に今年度の額はAチームが一番多かったとしても、単純にAチームだけ評価するというのはよくないと思いました。

　ありがとうございます。先ほど指標の話がありましたが、この指標だけではまだ判断するには材料が十分でないということですね。確かにそうですね。
　それでは、3つではなく、10個チームがあったとしましょう。各チームまったく同様の条件に置かれていたチームとします。仕事の困難度なども全部まったく同じで、チームリーダーの采配ですべてが決まったという前提で考えてみてください。ここで、このような成果となったとき、各チームをどう評価しますか（図2）。

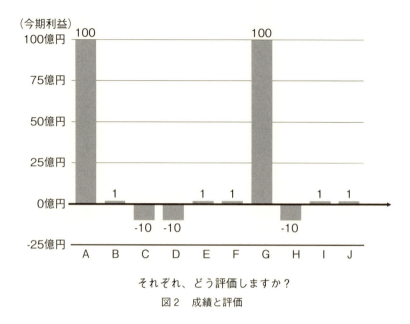

それぞれ、どう評価しますか？
図2　成績と評価

学生7　今年度の成績だけを見て評価するとしたら、AとGはやはり明らかに利益を出しているので、少なくとも評価の対象にはなると思います。そのほかの大きな利益を出すことができなかったチームについては、何か原因があると思うので、評価しないということではなく、差をできるだけ埋めたいなと思いました。成績の低い人も付いていけるような仕組みをつくれればと思います。

ありがとうございます。ちなみにこの1億円もうけた人たちと、マイナス10億円になってしまった人たちは、どう評価しますか？

学生8　評価方法によって違うと思うのですが、絶対評価の場合、1億円は黒字になります。したがって評価します。相対評価の場

合は、比較しなければならないので、ずばぬけて2つのチームの成績が良いのでそこに評価がされて、その他のチームは評価されないと思います。つまり、評価方法によって違ってくると思います。自分だったら相対評価します。

　ありがとうございます。なぜこのような話をしているかというと、昔、成果主義について初めて考えたとき、私も今のような考えを持っていました。しかしながら最近、チームで働くことを通して、成果主義に対する考えが大分変わってきました。この変化は、「コミュニティ」というものの捉え方の変化により、訪れたように思います。
　先ほどは個人の戦略として社長の話をしましたが、今度は自分がチームのリーダーになったときのことを考えてみましょう。そして、すべてが同じ条件のチームと仮定して、2つ戦略が取れることとしましょう。まずは安定戦略です。この方法で行けば、確実に1億円の利益が出る。もう1つはリスク戦略です。この方法で進めれば30％の確率で100億円の利益が出ます。しかし、70％の確率で10億円の損失を出してしまうという状況です。このとき、皆さんはどちらの戦略を取りますか。単に抽象的な話としてではなく、また、今の学生という身分ではなく、会社の中で責任を持つ立場で、会社からの給料で養わなくてはならない子供や家族がいるような状況を考えてください。
　まず、リスクを取る方を選んだ人がいたら、その理由を聞きたいと思います。

学生9　「リスクのある方法が成功するという自分なりの確証を持っている」という前提が必要ですが、私がリスクのある方を選んだのは、もし10億円の損失を出したとしても、損失を出した時点でそれをどうやって埋め合わせるかを考えることができれば、安

定的な思考にいくのではなく、100億円以上の利益を生み出せる可能性があるチャレンジングな方法を取りたいと考えます。

リスクを取った方がピンチになってもさらに頑張るからもっとすごいことができる、という考えですね。それでは逆に安定的な方を選んだ人は、どの様な理由からでしょうか？

学生10 もうすでに1,000億円くらいの資金をもっているのであれば、リスクをとっても問題はないと思うのですが、小さな会社など、特にそうではない場合リスクを取って損失を出してしまうと、破産の可能性が出てきます。そうなるとみんなが困ってしまうので、安定的な方を選ぶだろうと思います。

今のクラスの雰囲気から、より多くの学生さんがこの意見に賛同しているように思いました。最近よく自己責任という言葉によって、無用なリスクを取って失敗した人は、「リスクを取ったのは自分のせいなんだから、ペナルティは自分で払うべきだ」と言われていることが影響しているように思います。このような状況においては、「安定とリスクのどちらを選ぶのか」と言われれば、「責任を取らされるのは嫌だから、安定的な戦略の方にする」という意見になるのかと思います。

先ほど3つのチームの話をしましたが、実は純利益が1億円のBチームは安定的戦略を取り、純利益が100億円のAチームと10億円の赤字を出したCチームは、リスク的な戦略を取った状況を想定していました。図1では、1億円の利益を出したのが安定的な戦略を取ったチームで、残りのチームがリスク戦略を取ったチームです。

それでは、社長を務める企業が、この10チームからなる大企業だったとしましょう。このとき、組織全体で2チームだけリスク戦略を取って、

成功者	確率	利益
2	9.00%	208
1	42.00%	98
0	49.00%	-12

2人だけリスクを取る

成功者	確率	利益
5	0.24%	505
4	2.84%	395
3	13.23%	285
2	30.87%	175
1	36.02%	65
0	16.81%	-45

5人リスクを取る

成功者	確率	利益
10	0.001%	1000
9	0.014%	890
8	0.145%	780
7	0.900%	670
6	3.676%	560
5	10.292%	450
4	20.012%	340
3	26.683%	230
2	23.347%	120
1	12.106%	10
0	2.825%	-100

10人全員リスクを取る

図3　組織としてのリスク

残り8チームは安定戦略を取った場合には、損失が出る確率は49%となります。しかしながら10チーム中、ちょうど半分のチームがリスク戦略を取るとすると、損失が出る確率は16.81%に下がります。さらに、10チーム全てがリスク戦略を取ると、損失が出る確率は2.825%となります。すなわち、全部のチームがリスクを取ると、損する確率は2.8%程度で、大半の場合に大きな利益が出ます。安定的な思考ばかりの会社と、リスクを取るという会社と、どちらにもうけが出るでしょうか。個人のレベルでは安定路線を取る人が多いと思いますが、この状況を見ると、組織として取るべき選択はどちらがいいかということを考えると、いろいろと違ってくると思います（図3）。

「2.8%の確率でも、100億円損したら高い」という人はもちろんいるかもしれませんが、たいてい企業というのは利益を求めるために存在しているので、組織として全員がしっかり3割程度成功できるのであれば、

リスクを取った方がよいという計算も成り立ちます。

おわりに

　人の身体は、複数の細胞で成立していますが、その各々が個々に存在するのではなく、集団になることでリスクを分散しているというような、そのような生命体だと思います。みんな同じように行動すると、みんな同じように失敗して滅びてしまいますので、環境に多様に対応することが求められているように思います。人間社会も、個々人がリスクを背負い自己責任とされるのではなく、リスクを分散して、「失敗した分はみんなで助け合うので大丈夫、失敗もあり」と言って安心できるような社会づくりをすると、みんなより多くのリスクを取って成果を出すことができるのではないかと思います。

　私自身、何年か前までは、成果について、「自分が頑張ってやってきたから」「自分が研究成果を出したんだから」と感じていたところがあります。ですが、子育ても経験して、小さい赤ちゃんや子どもは、親を含めて多くの大人たちの力を得て育っていくことがわかり、自分も同じように、そのようにして育ってきたのだということを非常に強く感じました。社会の中に自分をサポートしてくれている人がいるから、安心して成長できるということに気が付き、コミュニティの大切さを感じるようになりました。

　生命は個人で成り立つのではなく支え合うもののように思います。1人が10億円の損失を出しても、周りが大丈夫だよと助けてあげる。今見たように、そういうシステムがあればリスクを取っても全体として損をする確率も低くなり、成功する確率があがる場合もあります。今日、私が一番伝えたかったことは、「成果主義」とか、「自己責任」とか、そのような言葉から世の中の何かがわかったと思える状況から一歩踏み込み、本当にそうなのだろうかと、自分が無意識に受け入れている考えと向き

合って、本当はどうなんだろうと、より深く考えていただければと思います。今日は、ありがとうございました。

スポーツ組織としての生命

鳥海　崇

（とりうみ　たかし）慶應義塾大学体育研究所専任講師。1980年生まれ。東京大学大学院新領域創成科学研究科博士課程単位取得退学。専門は比較惑星学、コーチング学、スポーツ数学。著作に『だれでもどこでも泳げるようになる！　水泳大全』（東洋館出版社、2018年、共著）などがある。

はじめに

　慶應義塾大学体育研究所の鳥海崇です。体育研究所というのは体育の授業や研究を行っている組織です。私は水泳と水球が専門で、体育実技として教えたり、指導法の研究をしたりしています。また、それとは別に、体育会の副理事もやらせていただいています。

　今回は、大きくわけて3つのテーマでお話をします。1つ目は、体育会の紹介です。これまで、体育会に縁がなかった方も多いでしょうが、一口に体育会といってもいろいろ幅広いスポーツを扱っていて、そこに集う人たちに関しても見た目も中身も幅が広いということを知っていただければと思います。

　2つ目は、運動方法学、またはコーチング学とも言われますが、これを簡単にご紹介します。スポーツ選手を教えるにあたっては、スポーツ組織、または組織を構成する人によってその内容を変えていくべきだということが、話の主旨となります。

　最後が、「日本版NCAA」についてです。NCAAとは、アメリカの大学スポーツの集合体であり、それを日本にも持ち込もうという動きが

日本版 NCAA です。今、日本の大学スポーツ界で起きている大きな変動を表す言葉の1つが日本版 NCAA なので、これをご紹介します。

1．慶應義塾体育会について

　まずはじめに、慶應義塾体育会の本体の方を紹介させていただきます。体育会が発足したのは1892年で、今から126年前です。発足当初は7部で、柔道、剣道などいわゆる武道系が中心でありました。

　福澤諭吉先生は「まず獣身を成し、後に人心を養いなさい」と述べています。これは、まずしっかりと体を鍛え、その体を基礎として、勉強をしましょうということです。「体がしっかりしていないと人心、教養はなかなか養われない、頭でっかちではいけませんよ」ということを説き、体育会というものを作りました。

　当時は、今のように運動の施設やノウハウがありませんでしたから、肋木（ろくぼく）や、ジャングルジムみたいなもの、あるいはブランコなどを使って運動をしていたようです。記録には、高さ7メートルの大きなブランコを使っていたことが残っています。そういうもので、いろいろな人たちが勉強の合間や、夕食後に運動をしていました。

　それからのち、1903年に初めて、野球の早慶戦が実施されました。当時は、慶應義塾大学の野球部はものすごく強くて、最強と言われていたのですが、そこに早稲田大学の野球部から挑戦状が送られてきたのです。慶應義塾大学は早稲田大学の挑戦を受けて立ちました。これが最初の早慶戦です。結果は、11対7で慶應義塾大学が勝ったのですが、当時はまだ無名だった早稲田大学も、「なかなかやるな」ということが世間一般に知られるきっかけとなりました。

　さて、体育会には、「3つの宝」と呼ばれているものがあります。1つ目は「練習は不可能を可能にする」ということです。たとえば、まったく泳げない人でも、たかだか10時間か15時間ぐらい練習すれば、すい

すい泳げるようになります。今まで移動できなかった水の領域を移動できるようになる。これは、練習するか、しないかの違いです。練習をするということは不可能を可能にする、泳げなかった人が泳げるようになるということの体験だから、頑張って練習しましょう、ということです。

2つ目は、フェアプレーの精神。悪いことはやってはいけないということを体育会では大事にしています。これは後に出てくるドーピングの問題とも関連してきます。

3つ目は、生涯の友。同じ釜の飯を食う。ずっと同じ時間、苦楽を共にする。そういうことによって培われる友情があります。

これらが、体育会の3つの宝と呼ばれているものです。

去年、慶應義塾大学では体育会が創立されて125周年で、大々的にイベントを行いました。記念誌が図書館に行けばありますので、興味があればご覧ください。ちなみに発足当初は7部だった体育会の部活の数は、今は43部に増えています。多種多様な競技があり、そこには多様性があります。

多くの方になじみのある競技では、野球、ラグビー、水泳、バレーボール、バスケットボールなどです。私は水球をやりましたが、これは少しなじみが薄いかもしれません。あまり一般になじみがないのは、射撃部、馬術部など。あとは水泳部の葉山部門が日本泳法を行っています。遠泳もやっていて、日本泳法、遠泳を実施している部としては日本で唯一です。

それぞれの部活の規模は、だいたい50人弱、少ないところは30人ぐらいです。逆に多いところで150人くらい。一番多いのは、今はアメリカンフットボールで200人ほどです。また、近年に新しく加入した部としては、水上スキー部や軟式野球部、自転車競技部などがここ3～4年で新しく加入してきた部活で、今でも増えています。

多くの部活を抱える慶應義塾の体育会は、部活数では国内有数であり、

世界的に見ても、かなり珍しい部類に入ります。その一つひとつの部活で、みんな一生懸命勉強したり運動したりしているということをお伝えしたいと思います。

ちなみに野球以外でも「早慶戦」があります。中には年2回行う競技があったり、男女別で行ったり、種目ごとに行ったりするので、少し数は多くなりますが、過去5年間の早慶戦の勝敗とその勝率をまとめてみました。

2017年度は1年間で18勝46敗2分け、勝率は28.1％です。3割弱ですが、これは過去5年で見るとかなりいい方です。一昨年は13勝49敗で、勝率21％。5回やって1回勝てればいいかなという感じになっています。また傾向としては、だいたい勝てる競技は少しマイナーなところが多くなっています。サッカーとかバレーボールとか、競技人口の多いメジャースポーツは早稲田大学が強くて、なかなか勝てません。

ただ、今年の野球は慶應義塾が勝てるチャンスです。一生懸命勉強してきた選手たちが勝つのは、私としては胸がすく思いです。とにかく、早慶戦というのはいろいろな競技で行われています。興味があれば、ぜひ見に行ってください。

2．コーチングで選手に身に付けてもらいたいことと味わってもらいたいこと

続いて、運動方法学、コーチングの紹介をします。「コーチング」という言葉は聞き慣れないかもしれませんが、要するに「指導する」ことの研究です。スポーツには、競技ごとにいろいろな特性があり、その特性や特徴を調べたり、指導方法を研究する学問です。

まず、指導者が、選手に身に付けてもらいたいことを紹介します。指導者が、選手に身に付けてもらいたいこととして、健康があります。運動をして元気になっていただきたい。また、想像力もあります。凝り固

写真1

まった頭ではなくて、いろいろな可能性があることを知っていただきたい。さらに、自信、決断力、責任感、自立心、情熱、フェアプレーの精神といったスポーツマンシップ、そしてコミュニケーション力ということを身に付けてもらいたいとも思っています。逆に言えば、そういうことを教えるのがコーチの役割であり、その教え方を研究するのがコーチング学ということになります。

　選手に身に付けてもらいたいもののほかに、味わってほしい感情というものもあります。それは、充実感、達成感、満足感、爽快感などです。これは、それぞれの選手によって、感じ方が違うということはわかると思います。さらに、例えば競技によって得られる側面が変わってきます。そこで、指導をする際には、そういうことを意識することが大切です。

　写真1はスイスのオリンピック博物館で撮ってきた写真で、いろいろな競技の選手の体つきを、1列に並んでもらって写真に撮ってまとめたものです。

　一番目立つのが相撲です。体が大きいですよね。一番小さいのはマラ

ソン選手です。マラソンは体が大きい必要はなく、ぜい肉はない方が走りやすい。また、筋肉が必要な競技か、技術で勝負するかによっても体格は変わってきます。

　写真ではわかりませんが、柔軟性が必要な競技、思考力が大事な競技、耐えることが大事な競技など、いろいろな競技があります。体育会では、そういうさまざまな競技をしている人たちを１つにまとめて、物事を動かしていかなければいけません。例えば、トレーニング施設を作り運用する際、ある競技では相当重いものを必要としますが、別の競技では重いものを必要としないとします。では、どこに標準を合わせればいいのか。そういったことを、各組織の人たち話し合いながら一つひとつ決めていきます。

３．指導する際に考えるべきポイント

　ここで、スポーツ組織における指導法で、指導する際に考えるべきポイントというものがいくつかありますので、それを簡単にご紹介します。

　最初は「性別」です。男子だけなのか、女子だけなのか、もしくは男女混合か。それによって、コーチングの方法、指導の方法が変わってきます。

　２つ目が「年齢」です。子供は年齢によっては、言葉だけでの説明だとわからないかもしれません。身ぶり手ぶりが必要かもしれないし、もしくは実際にやって見せることが必要かもしれません。一方、ある程度以上の年齢の人たちに対して手取り足取りの指導をすると、「何だよ、そんなことをやられたくないよ」と思う人がいるかもしれません。したがって、相手の年齢も大事なポイントです。

　３つ目が「規模」です。１対１で個人に教えるのか、それとも100人、200人規模のチームを教えるのかによって、指導方法は変わってきます。個人が相手の場合はその人１人だけを考えていればいいのですが、組織、

特に100人ぐらいの大所帯になったら、どのようにしてメッセージを伝えればいいのか、その伝え方がポイントになります。

　4つ目が「目標までの時間」です。目標が1年先なのか、今試合をしている最中の指導なのか、それによって指導スタイルは大きく変わります。時間があるときは、直接の指導よりも、その回りのところに時間をかけるべきだろうと言えます。

　例えば、慶應義塾大学の皆さんと学力的にはほぼ同じだと思いますが、アメリカにハーバード大学があります。その水泳チームの監督からチーム運営について聞いたことがあります。ハーバード大学の水泳チームは男女混合で、年齢は日本の大学生と同じぐらい。規模は30人程度です。

　その監督が言うには、1年間のうちの最初の2週間が一番大事なのだそうです。この2週間の間に選手たちを集めて、まずリーダーを決めさせます。ハーバード大学に入るような学生たちは、それぞれの出身高校でリーダーをやっていたような学生ばかりですが、その中からリーダーを選ばせます。指導者側が決めると、必ず不協和音が出てきます。だから、必ず自分たちで決めさせます。次に、1年間の目標も自分たちで決めさせます。さらにその目標に向けた段取りを一つひとつ、選手全員が納得する形で決めさせていきます。それが完成するまで、練習はさせません。したがって、まず2週間はリーダーの選出と計画作りに専念させます。これがうまくいったチームは、そのシーズンは最後までうまくいくそうです。逆に、その部分が中途半端で練習に入ってしまうと、必ず最後に不協和音が出て、チームはうまくいきません。

　だから、コーチの最初の役割で一番大事なことは、リーダーと、目標と、そこに対する道筋を自分たちで決めさせる。これは、ハーバードや、あるいは慶應義塾みたいに頭のいい学生が集まっているからできることであって、そうじゃない人たちにはもう少し手取り足取りの指導が必要になってくることはあります。

5つ目が「熟練度」です。これは、初心者から国際大会レベルまでさまざまです。慶應義塾大学もオリンピックや国際大会に出る人たちも結構いますので、そういう人たちに対してどういう指導をするのか。初心者は、最初に楽しいと思わせることが必要ですから、習得が実感しやすい技術的なことを最初に教えます。一方、国際大会レベルの選手は、自分に必要な技術というのはだいたい自分でわかっています。だから、そこに対して余計な口出しをするより、モチベーションを重視します。何とかして世界で戦って勝っていきたい。そういう思いを指導する方が大事だと言われています。

　6つ目が「競技性」です。戦略重視の競技なのか、それとも体に負荷をかけることが中心の競技なのか。それによって、指導の仕方も変わってきます。

　7つ目が「熱意」です。熱意がまったくないという人たちもいれば、ものすごく充実している人たちもいます。熱意がまったくない人たちに対して、「こうすればいいんだ」と言ってもまったく響きません。それに対して、熱意があふれている人たちに対しては、何を言っても、スポンジが水を吸い取るように話を聞いてくれます。だから、相手が今どういう状況なのかということを知ることが大事です。

　8つ目が「指導者との距離感」です。距離感というのは、心理的な距離感です。これはマイナス無限大からプラスの無限大まであります。慶應義塾の部活では新しく入ってきた人たちというのは、新しい環境に慣れていない人が少なくありません。マイナスの距離感です。これは高校のころと比較して異なる点が多々あるからでしょう。この人たちに対して、いかにこちらに向いてもらうかを考えます。最初は、少しでもこちらへの興味を向けさせて、それから少しずつ技術的なことや、もしくは戦略的なことを指導していきます。したがって、最初の指導の仕方というのが極めて大事になります。

例えば、蛇口から水を出します。蛇口から流れ出る水が教える内容だとします。蛇口から出る水の下にコップを置けば、水がたまっていきます。コップに水がたまる、つまり教える内容が相手にたまっていきます。これが、指導者との距離感がプラスの状況です。流れ出る水が多ければ多いほど、コップに水がどんどんたまっていきます。しかし、指導者との距離感がマイナスの場合は、いわばコップが逆さになっている状態です。この状態ではいくら水を流しても、コップに水はまったくたまりません。だから、やはり指導するとき大事なのは、蛇口から流れ出る水の量よりも、まずはコップを上向きにさせてあげることです。また、その際に伝える言葉、言葉の伝え方も大事になってきます。

　コーチングの最後に、ドーピングの話をします。去年の秋、水泳の大学選手権で、とある大学の選手が優勝しましたが、その選手がドーピングをしていました。国内では、大学生のドーピングは初めてでした。

　それで、ニュースでも大きく報道され、7ヵ月の資格停止処分になってしまいました。本人はもちろん反省しています。また、日本水泳連盟としても、今後このような事案が発生することのないように、アンチドーピング活動をより充実させて、選手への啓蒙を徹底していくことを表明しました。そして、海外のサプリメントを採っていると、知らない間にドーピングに引っ掛かっている可能性があることを周知しました。海外サプリメントへの注意を促す内容です。さらに、水泳連盟だけではなく、その大学の学長や、もちろん大学チームの監督、部長などの人たちなども文書を出しています。

　コーチングをする際には、正しい指導をしないと大事件になってしまうことの具体例として挙げさせていただきました。

4．スポーツ組織とスポーツ大会

　国内外の主なスポーツ組織をまとめたのが図1の組織図です。日本で

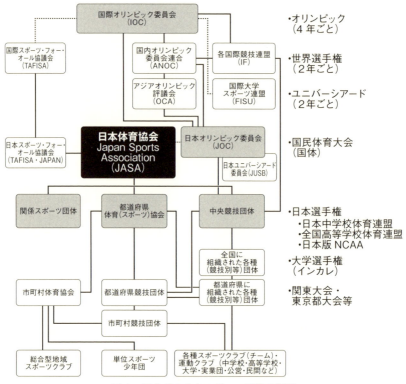

図1　国内外の主なスポーツ組織の概要

スポーツ組織を統括する中心となるのが、日本スポーツ協会（旧称：日本体育協会）です。「JOC」は日本オリンピック協会です。日本スポーツ協会と手を取り合って運営しています。JOCの目的は、IOC（国際オリンピック協会）が主催しているオリンピックに選手を出場させる、もしくはその選手を強化するのが、JOCの役割です。それ以外の部分は日本スポーツ協会が担っていると思ってください。

図1の中央あたりには中央競技団体、都道府県体育（スポーツ）協会、関連スポーツ団体があります。例えば、慶應義塾の体育会がどこにある

かというと、「各種スポーツクラブ（チーム）、運動クラブ（中学校、高等学校、大学、実業団、公営、民間など）」で、ここにいろいろな体育会は含まれています。

次に、国内でいろいろな大会があります。その大会の種類も知っておくと、今後の人生に役立つと思います。

図1の右の一番上は、皆さんご存知のオリンピックがあります。夏と冬、4年に1回開催されます。このオリンピックを運営するのが、先ほども触れたIOCです。続いて、よく聞くのが世界選手権です。陸上の世界選手権や水泳の世界選手権は、「世界陸上」「世界水泳」などと呼ばれています。これがいろいろな競技でだいたい2年に1回行われています。オリンピックがある年の前後に行われるのが通例です。世界選手権を運営しているのは、各国の国際競技連盟です。オリンピックより1段下の印象でしょう。

また、世界選手権と同様に2年に1回開催される、ユニバーシアードという大会があります。これを運営しているのは、国際大学スポーツ連盟です。ユニバーシアードとは、一言で言えば「大学生のオリンピック」で、出場できるのは大学生だけです。競技によっては、オリンピックに準じるような選手も出場します。オリンピックと同じように、夏または冬の2週間ぐらいの期間開催されます。選手村を作り、そこに全選手が入って大会に出場します。

以上は国際大会ですが、国内大会で一番大きいのは国民体育大会、略して「国体」です。運営しているのは日本スポーツ協会です。開催は年に1回で、いろいろな都道府県で開催されています。

国体よりやや下か同じくらいになるのかもしれませんが、日本選手権というものがあります。これは、それぞれの競技を統括する中央競技団体という団体が主催します。また、大学選手権もあります。これは毎年開催され、大学生だけが出場して、日本一を決める大会です。これは別

名インターカレッジ、略して「インカレ」とも呼ばれます。

　昨年、慶應義塾大学の女子ラクロス部は、この大学選手権で勝ち、続いて日本選手権でも優勝しました。男子のラクロスは、大学選手権で勝ちましたが、日本選手権では惜しくも負けてしまったということです。

　さらに下に行くと、関東大会、東京都大会などがあります。これらは、高校でも同じような分類があったと思います。

　日本スポーツ協会に直接入らないものとして、関係スポーツ団体というものがあります。具体的に言いますと、日本中学校体育連盟、「全中」などと言って、中学生の全国大会などを運営しているのは、この団体です。図の右側に書かれた他の団体とは少し毛色が違う、中学生だけを集めた連盟になっています。同様に、全国高等学校体育連盟もこの関係スポーツ団体の中に位置し、高校生だけを集めた連盟となっています。いわゆるインターハイなどを統括しています。

5．日本版NCAAについて

　日本版NCAAについて簡単に紹介します。今まで大学生というのは各競技連盟に含まれており、中学校、高校と違って、大学だけの集まりというものはありませんでした。これはなぜかと言うと、歴史的に「大学生は大人だろう」と考えられていたからです。しかし、大学生を全部まとめて大学のくくりとして、中学生や高校生と同じ側に持ってこようとするのが、「日本版NCAA」結成の動きです。スポーツの成長産業化という方針が示されていますが、そこでスポーツ庁が中心となり、大学スポーツの振興に向けた国内体制の構築が掲げられました。

　日本の大学スポーツは大きな転換期を迎えています。今までは、大学生が勉強の合間に勝手にやっている活動、いわゆる課外活動が体育会だったのですが、よく見てみれば、これは面白いし、学生に対しても勉強になる機会なので、これをうまく活用しようということです。そこで、

```
┌─────────────────────────────────────────────────────────────────┐
│ 現状・課題                                                        │
│ ➢ 社会的諸課題への解決を求められる大学において、人格の形成や地域コミュニティの形成等に寄与する大学における運動部活動等のスポーツに │
│   期待される役割は大きい。また、「観る」スポーツとしての可能性も高い。 │
│ ➢ 運動部活動は、学生を中心とする自主的・自律的な課外活動とされ、大学の広報等に寄与する一方、大学の関与は限定的な場合が多い。 │
│ ➢ 大学の競技団体（学連）は、競技・地域ごとの組織で、法人格を有しない組織も存在。 │
│ ⇒学生アスリートの学業環境への支援、運動部局の運営（指導者や資金の確保、責任体制、事故・事件時の対応）、大学の教育・研究と │
│   の連携、学連間の連携等の課題が山積し、抜本的な改革が求められている。 │
└─────────────────────────────────────────────────────────────────┘
                    大学スポーツ全体を総括し、その発展を戦略的に推進する組織が必要
┌─────────────────────────────────────────────────────────────────┐
│ 日本版NCAAの在り方                                                │
│ ┌─────────────────────────────────────────────────────────────┐ │
│ │ スポーツを通じた学生の人格形成を図るとともに、母校や地域の一体感を醸成し、地域・経済の活性化や人材の輩出に貢献する │ │
│ └─────────────────────────────────────────────────────────────┘ │
│     • 学生アスリートの学業環境の充実を図るとともに、学業とスポーツの両立を目指し、大学スポーツの発展を実現する │
│ 理  • 事故防止など運動部活動の安全性を向上させ、本人や関係者にとって安心できるものとする │
│ 念  • 我が国のスポーツの文化、歴史を尊重しつつ、大学、学連等が協調・連携するためのプラットフォームとしての役割を担う │
│     • 「観る」スポーツとしての価値を高め、収益を大学スポーツに還元する好循環を創造し、我が国全体の雇用の創出、経済成長につなげる │
│     • 競技種目、大学の立地、性別、障害の有無などにより不利益を被ることがないように取り組む │
│                                                                 │
│ 【期待される役割】                    【組織体制】                │
│ ①学生アスリートの育成                • 民間の法人として設立し、民間資金による運営を基本とする。│
│   (学業成績要件の統一、デュアルキャリア支援、インテグリティ教育等) │ • 原則大学、学連の自主参加（任意）とする。│
│ ②学生スポーツ環境の充実              • 大学、学連が加盟のメリットを実感できるものとする。│
│   (スポーツ活動への支援、保険制度の充実、不祥事・勧誘等に係るルール作り等) │ • 大学、学連等の従来の活動を阻害せず、調和のとれたものとする。│
│ ③地域・社会・企業との連携            • 安定した収入源を得るため、様々な手法の開拓を図る。│
│   (地域貢献活動の総括、会計等のガイドライン整備・相談窓口、権利関係の調整等) │ • 当初は実行可能な分野、規模からスタートする。│
└─────────────────────────────────────────────────────────────────┘
```

図2　大学スポーツの振興に関する検討会議タスクフォース　とりまとめ概要
〜日本版NCAAの創設に向けて〜（スポーツ庁資料より）

　今の大学スポーツの現状を踏まえて、日本版NCAAの創設に向けた課題やそのメリット、目指す方向性について考えます。

　図2は日本版NCAAについて、国が出している資料です。今から2年前、検討会議というものが作られました。大学が持つスポーツ人材育成機能、もしくはスポーツ資源、部活動の指導者、学生、教員、スポーツ施設、こういうものは大きな潜在力を有しています。一方で、アメリカのような大学スポーツ先進国と比較して、十分に生かしきれているとは言えないのが課題です。

　どういうことかと言うと、部員は一生懸命練習して試合に出ているのですが、周りの人たちはその魅力、面白さに気付いていない。この面白さをいかに伝えるか、いかに気付いてもらえるかということについて、大学のスポーツを統括している団体がうまく働き掛けていくことを課題

として挙げています。蛇足ですが、お金が絡んでくるので、いろいろな人たちがこれをうまくやろうと言っています。

　では、大学スポーツの振興に向けて、どういう方向で考えればいいのでしょうか。まず、「皆さん、大学スポーツを見に行きましょう」という形で振興します。この意義は何かと言うと、大学におけるスポーツの振興には、国民の健康増進や地域経済の活性化に資する可能性を有するなど、公共的役割を担う可能性があるからです。また、大学にはアスリートや指導者などの貴重な人材、あるいは体育・スポーツ施設が存在するからです。

　大学スポーツを見に行けば、見た人が「自分もちょっと運動してみようかな」と思うかもしれない。もしくは、運動場に行くこと自体が健康増進に資するかもしれない。実際に体を動かさなくても、スポーツを見ることによって気分がすっきりすれば、これは健康に資するだろうということです。

　また、大学スポーツ資源の潜在力を発揮するための方向性もあります。慶應義塾大学にもいろいろな運動施設がありますが、利用されないことも多い。そういうものをうまく資源化させていくためにはどういうことが必要かという議論が必要です。

　一例を挙げれば、今の運動施設というのは、運動する人の利用を目的に施設が造られています。そのため、観戦者の視点に立って造られてはいません。つまり端的に言えば、グラウンドに観客席を造ろうということです。どの大学のグラウンドにも観客席を造れば、それぞれのリーグ戦をホーム・アンド・アウェイで行えます。ホームのときはその学校の学生はみんな応援に行くでしょう。そうしたら、応援された選手が頑張ります。

　ホーム・アンド・アウェイというのは、ヨーロッパではごく一般的で、しかもホームのチームは非常に勝ちやすい、正確に言えば、得点を取り

やすいというデータがあるくらいです。日本はまだホーム・アンド・アウェイの文化が浸透していないので、どこか1つの中心的な競技会場で試合行ってしまいます。それを、やはり各大学で、いろいろな学生が観戦に来られるように施設を改築しようというのが、この会議の概要です。

6．日本版NCAAを創設するにあたっての重要な3つのポイント

ところで、日本版 NCAA を創設するに当たって、大事なポイントが3つあると言われています。

一番大事なのは安全安心で、具体的には専用保険の提供です。実は多くの体育会で、部員は専用の保険に入っていません。慶應義塾大学は入っていますが、ほかの大学では「課外活動だから勝手にやれ」ということで、保険に入っていないことが多いのです。

選手は、学生として一生懸命練習して、一生懸命プレーします。それにもかかわらず、保険に入っていない場合、怪我をしてしまうと補償ができません。「それではだめだろう」というのが、保険の提供です。

次が、練習時間にかかわるルールの検討です。慶應義塾大学の場合、皆さん勉強して入学しますし、きちんと試験も受けなければならないので、勉強の面では問題ありません。しかし、勉強もせず入って、勉強もせず卒業する、もしくは、勉強しないまま4年生まで進級してしまうような大学も結構あります。

この点では、世の中には驚くような大学もありまして、そういうところに対して、むやみやたらに練習だけさせるのではなく、ちゃんと勉強させようということを言っています。その点を検討するのが、学業充実のワーキンググループです。

例えば私たちのライバルとして有名な大学ですと、競技力が高くて、国際大会に行けば勉強しなくても単位を認定しています。こういうことがまかり通ると、そういう大学は勉強せずにスポーツだけやっていれば

いいのでどんどん強くなっていく。

　私たちはそういうことはしません。「国際大会に行くから授業を休みます」と言われても、「そんなのはだめだ」と言います。休める、休めないは教員が決めることです。日常的にきちんと講義を受けて、先生とコミュニケーションを取って、会話をして、「先生、これこれこういう理由でどうしても国際大会に行かなければいけないんです。ですから、2回講義を休みます。その分頑張りますから、課題を出してください。その代わり、競技でも頑張ります」。このようにきちんと説明すれば、教員も休むことを認めてくれるかもしれない。あるいは、教員によっては認めてくれないかもしれない。それはわかりません。しかし、「そういう努力をせずに競技だけをやっていてはだめだよ。きちんと勉強しなさい」ということを言っています。

　最後が、キャリアの形成支援です。大学に入る前の高校生に、「大学に入って、スポーツをやりましょう」と声を掛けます。そして、その高校生たちが入学して、頑張ってスポーツをして、いい成績を残したとします。「よく頑張った」とほめてはもらえますが、その後、卒業したら、この人は行く場所がないのです。大学もそこまでは面倒をみない。「卒業後のことは自分でやりなさい」ということです。そういう使い捨てみたいなことは、してはいけません。入学してきた大学生にはきちんと責任を持って勉強も教えなければいけないし、その後の就職支援もしっかりしなければいけません。

　それ以外に、マネジメントのグループの存在が課題として挙げられています。実は、アメリカのNCAAは、機能が崩壊してしまっています。これはどういうことかというと、アメリカの学生は一生懸命勉強もするし、スポーツもしています。ところが、学生たちが、「自分たちはスポーツをしているけれど、これって大学のためにスポーツをしているってことだよ。これは働いているのと同じじゃないか。給料をもらってもい

いじゃないか」ということを言い出しました。そしてアメリカの裁判所はその主張を認めて、「学生は労働者だ」と認めているのが現状です。ただし、この問題はまだ流動的で、今後も大きな動きがありそうです。

7．日本版NCAAの課題

そういうわけで、これからアメリカのNCAAは大きく形を変えていこうとしています。アメリカでそのような状況なのに、日本でそのNCAAのやり方をまねするのはいいのかということが、喧々諤々の議論になっています。そこで、日本版NCAAがどういうことをやれば、どういうメリットを提供できるのかということを整理しようとしています。

もう一度NCAAについて説明しておくと、NCAAというのは、大学を統括するスポーツ組織です。中体連とか高体連のようなものと同じです。

アメリカでは、各大学がどこかの地区に所属して、その中でリーグ戦をして、リーグ戦に勝ったところが地区大会を行い、地区大会で勝ったところが全米大会に出場していきます。一方、日本の大学スポーツは、それぞれの競技ごとにこのような仕組みができてしまっています。例えば野球なら六大学リーグがあり、6つの大学だけで1つのリーグを作っています。

サッカーは、関東の中で1部、2部を作っていて、それぞれ1部が18校、2部も18校という形で運営されています。バレーボールは、1部から6部まですべて各6チームで運営されています。

このように、現状は競技ごとにいろいろリーグのルールがあります。それを、アメリカのNCAAと同じように、1つの大学はすべてそこのブロックに入れるやり方が、日本版NCAAの目指すべきところになっています。

日本でも、中学校や高校では、統一リーグのルールができています。しかし大学はそれができていません。だからそういうルールを作ろうということが背景にあります。さらに言えば、そこでお金が儲けられるような仕組みを作り、例えばメディアに放映権を売ったり、いろいろなグッズを販売したりして、収入が得られる仕組みを作ることを目指しているのが、この日本版NCAAです。

　アメリカの場合だと、会員数や成績基準を厳格に決めています。例えば、単位を落とした学生は、もう試合に出てはいけないなど、ルールをしっかり決めています。今、日本でこのルールがあるのはゴルフぐらいです。ゴルフは、決まった単位数を取ってないと試合に出場してはいけないというルールがあります。

　また、奨学金の問題もあります。資金が潤沢な大学はたくさん奨学金を出せますが、そうではない大学は奨学金を出せません。すると、資金が潤沢な大学の方に強い学生が入ってきてしまいます。そのあたりのルール作りも考えられています。

　一方で、スポーツ科学研究による安全の促進もあります。アメリカのNCAAが作られたきっかけは、アメリカン・フットボール（アメフト）です。昔アメフトでは、マウスガードもヘルメットも使わずに、ドカンとぶつかっていました。それで死者も多く出て、当時のルーズベルト米大統領が、「これでは国民がスポーツから離れていくから、安全を担保するルールを作りなさい」と指示を出しました。これがNCAAの基本になっています。したがって、安全を確保するというのが最初のルールなのです。

　そこで、アメフトにヘルメットやマウスガードを導入して、事故の発生率を減らしていったのがNCAAの黎明期になります。また、卒業時のリーダー育成および人間形成プログラムの提供やキャリア支援もあります。

今後、日本の大学スポーツを活性化させてくことが、日本版NCAAの考えになっています。そうすると、大学から優秀な人材が輩出できるようになります。「運動する人こそ勉強しなさい」と指導します。そうすると、就職実績を向上させることができる。そして結果として、大学ブランドを向上させることができます。慶應義塾大学はもともと優秀な人材を輩出していますし、ブランド力もありますから、このあたりはあまり関係ないかもしれませんが、部活動に関しては、健康が増進され、人格形成もなされます。そして、コミュニティの形成がされるというメリットがあります。

　国内競技団体の学連に関しては、大会が活性化し、魅力が向上し、オペレーションの効率化が図れるというメリットがあります。例えば、六大学野球の魅力をいろいろな情報を使って知ってもらえれば、もっと多くの人たちが見に来るようになるのではないか、ということです。

　そして産業界に関しては、大学のスポーツ資源の有効活用がメリットです。例えば、グラウンドを選手たちだけではなく、いろいろな人が使えるようにすることです。それが結果的に、優秀な人材の確保や地域経済の活性化につながると思われます。

　これらが、日本版NCAAを上手に運営したときに得られるであろうメリットだと考えられています。ただし、これは現在進行中で、まだ検討会議というものが行われています。今年発足することを目標にしており、「うちも参加したい」という大学が声を上げている段階になっています。これからまだまだ動きがあるところですので、ご注目ください。

　　（注）本講演の内容は2018年5月の段階であり、「日本版NCAA」は現在では「大学スポーツ協会（UNIVAS）」として活動しています。

企業組織の寿命

山尾佐智子

（やまお　さちこ）慶應義塾大学大学院経営管理研究科准教授。1995年津田塾大学卒業。財団法人海外技術者研修協会勤務を経て、2001年神戸大学大学院国際協力研究科修士課程修了、2002年マンチェスター大学M.Sc. 修了（国際経営論）、2009年モナッシュ大学Ph.D.（経営学）修了。同年メルボルン大学専任講師、2014年テニュア取得。2017年より現職。

1．企業組織の寿命とはなにか

　慶應義塾大学大学院経営管理研究科の山尾佐智子と申します。「生命の教養学」コースということで最初にお話をいただいたとき、タイトルを「企業組織の寿命」とつけました。企業にも寿命があり、人間と同じように死ぬこともあります。しかし、原則的な意味での生命体ではないので再生することもあります。

　企業が寿命を迎えるときはどんなときでしょうか。企業は倒産をすることがあります。東京商工データという会社が全国企業倒産件数を出していますが、2016年の企業倒産件数は約8,500件でした。戦後1952年にGHQが撤退して日本が独立国となった年の倒産件数は、180件でした。そこから浮き沈みはありますが、1980年から2015年までの倒産件数の推移は図1の通りです。

　2016年は約8,500件だったので、もう少し下がっています。おそらくここ数年は景気がよくなったので、倒産件数も減っただろうと思います。

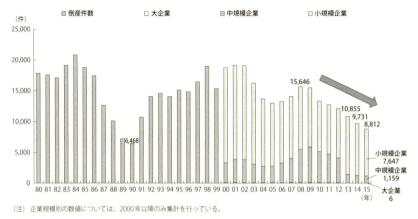

図1　倒産件数の推移（長期）

出所：中小企業庁（2016年）『中小企業白書（2016年版）』31頁（http://www.chusho.meti.go.jp/pamflet/hakusyo/H28/PDF/h28_pdf_mokujityuu.html：2018年12月29日アクセス）。

　1980年代から2015年まで一番低かったのが1990年です。バブル経済崩壊の前年が、やはり景気がよかったために倒産件数が非常に少なかったのです。2万件を超えたのが1984年で、日米貿易摩擦の影響からかかなり倒産件数が多かった時期です。ただし、負債総額を見ると、1991年のバブル経済崩壊後に大きくなります。大企業の倒産が増えて負債総額が大きく上がった時期でもあります。

　中小企業庁が毎年発行している『中小企業白書』では、2000年から大企業と中小企業の別に統計を出しています。それを見ると、最近は、大企業の倒産件数は減っていて今は非常に少ないです。中規模企業の倒産件数も、かなり少ないです。その一方、小規模企業の倒産件数はあまり減っていません。つまり、企業の死というものは、案外身近にあるということです。

表1　原因別倒産状況（2017年）

原因	割合
販売不振	69%
既往のしわ寄せ	12%
過小資本	5%
放漫経営	5%
連鎖倒産	5%
設備投資過大	1%
信用性の低下	1%
売掛金回収難	0.4%

東京商工リサーチ調べ、中小企業庁発表のデータをもとに筆者が作成。
データ出所：中小企業庁（2018年）「倒産の状況」（http://www.chusho.meti.go.jp/koukai/chousa/tousan/index.htm：2018年12月29日アクセス）。

2．どうして企業が死ぬのか

　では次に、どうして企業が死ぬのか、つまり倒産の原因です。東京商工リサーチのデータが、中小企業庁のホームページに掲載されています。項目がいくつかありますが、2017年のデータをグラフに表すと表1のようになります。

　一番大きい原因は「販売不振」で、回答した企業のうち約69％がこの理由を挙げています。物やサービスが売れなかったということです。二番目に大きいのは「既往のしわ寄せ」（約12％）で、これは経営が悪化している状況なのに対応しないままでいたことを示します。その他、資本が足りなかったという過少資本（約5％）、自社に関連している取引先のビジネスがうまくいかなかったという連鎖倒産（5％）もあります。例えば、大手のメーカーが倒れると、その部品を供給しているメーカーが、全部倒れてしまうということがあります。それが連鎖倒産です。また、「放漫経営」も約5％です。

　では、一番大きい販売不振ですが、これはどうして起こるのでしょうか。どうして物が売れないのか、考えたことがありますか。会社が傾い

ていくときは、物やサービスが売れにくくなっていきます。業種によって違いもありますが、どうして売れなくなるのでしょうか。「商品自体に魅力がない」、「新機種が出ると、旧機種の人気がなくなる」、「原材料などコストが高くなって、値上げせざるをえない」、「マーケティングの手法を間違えた」等々……。

　販売不振にはいろいろな理由が考えられるわけです。最後のマーケティング手法の善し悪しには、例えば魅力のある製品・サービスのはずなのに、売り方が良くないということもあります。商学部の方だったら、マーケティングに興味のある方がいるかもしれません。製品・サービスの魅力がお客さんに伝え切れてない、ということもあるでしょう。

　また、販売網があまりに伝統的な場合もあります。例えば特定の専門店でしか売っていなくて、もっと違ったチャンネル（例えばオンライン）で売れば売れるはずだ、といったケースもあります。このように、売れない理由は複雑で、複合的な理由があります。

3．コダックの没落

　フィルム型カメラを使ったことがありますか。使ったことのない方も多いでしょう。中には、クラシックカメラを使うのが趣味の方がいるかもしれませんが、今は普通、デジタルカメラを使います。さらに最近では、私自身カメラを単体で持ち歩きません。デジタルのコンパクトカメラを持ってはいますが、使わなくなって2～3年たちます。写真は、スマートフォンに付いているカメラで撮っています。

　しかし1980年代まで、カメラを使う際には、必ずフィルムを使っていました。その当時、フィルムの世界シェアが7～8割という会社がありました。それが、イーストマン・コダック社（以下、コダック社）です。今は、その名前を知らない人も増えましたが、30年前には知らない人はいませんでした。

そのコダック社に「追い付け追い越せ」と頑張っていた会社に富士フィルムという会社があります。1980年代ごろ、富士フィルムの日本国内の市場シェアは7割でした。しかし、世界市場では圧倒的にコダック社が強く、何とかしてコダック社に追い付きたいと頑張っていたのです。その富士フィルムとコダック社の話をします。

　コダック社というのは1880年にできた会社です。技術的に非常に優れた会社で、1950年代に作った「スーパー8（エイト）」という映像用カメラの初期モデルを製造していました。

　8という名前ですが、この時代のカメラのフィルムは、8ミリのすごく細いものだったからです。昔の白黒の映写機の映像、例えばチャップリンの映画などはご存知かもしれません。そういう映画で使われたフィルムが8ミリフィルムです。コダック社は、1950年代からスーパー8用のフィルムで絶大なシェアを誇っていました。

　コダック社は1970年代から、将来デジタル化の波が来るということは知っていました。これからはフィルムビジネスだけではやっていけなくなる、デジタル化に対応しなくちゃいけない、ということで、最初にデジタルカメラの試作機を作ったのはコダック社です。1975年だったでしょうか。1980年より前に、すごく大きい第1号の試作機を作っていました。

　その後、デジタル化に対応しようと研究開発に投資をしました。1990年代には、売り上げの少なくとも6％～9％程度を研究開発費につぎ込んでいたのです。

　今、デジタルカメラで写真を撮ってそれをプリントアウトしたいときに、家電量販店のプリント機で印刷すると思います。そういう機械もコダック社は作っていて、特にアメリカ国内のいろいろなところに置いていました。

　しかしコダック社は、2011年に倒産寸前までいきます。アメリカの裁

判所で、日本で言う会社更正法のような法律を使って、かなりの事業を処分しスリム化して、限られたビジネスだけを残して再生するための申請をしたのです。2013年に申請が通り、昔は巨大な会社だったのに、その10分の1以下に縮小されて、今に至っています。

　ではなぜ、世界のフィルム市場の90％ものシェアを占めていた巨大独占企業が、うまくいかなくなったのでしょうか。しかも、1980年ごろには、これからデジタル化の波が来るということもちゃんと予測していたし、デジタル・ビジネスに移行していこうと開発投資もしていたし、それなりに努力をしていたのに、何がよくなかったのでしょうか。

　先ほどの「どうして会社が倒産するのか」という話で出てきた、商品の魅力がないとか、生産や販売のオペレーション・コストが高くなり過ぎると言った理由が、コダック社にも当てはまりました。中でもマーケティングの手法を間違えたのです。

　それが極端に裏目に出たのが、1984年ロサンゼルス・オリンピックのときです。ロサンゼルス大会は、オリンピックの歴史の中でもターニングポイントだったと言われるイベントでした。というのは、広告やオフィシャルパートナー制度によって、大々的に企業に利益をもたらす機会を創出しました。今はオリンピックと言えばコカ・コーラでしょう。コカ・コーラ社のようなスポンサー企業が、会社のロゴをあちこちに張って宣伝できるというシステムが、このときにできました。

　また、ロサンゼルス大会以前のオリンピックでは、各国にあるNHKのような国営放送、公営放送であれば、放映権は必要ありませんでした。ところが、この大会から放映権ビジネスがしっかりとでき上がりました。そうやって、巨額の利益を得られるようになったのが、ロサンゼルス・オリンピックからなのです。そしてこの大会で、富士フィルムが公式スポンサーになったのです。

4．富士フイルムの多角化

なぜ富士フイルムがこのときにスポンサーになったかというと、コダック社が巨額なスポンサー料を出し渋ったのです。そこにすかさず富士フイルムが手を上げて名乗り出ました。これをきっかけに、富士フイルムの認知度が上がり、それまで非常に低かった富士フイルムの世界シェアが伸び始めました。

また、富士フイルムは面白いことも始めています。このころから、コダック社も富士フイルムも将来を予測してデジタル化対応を始めています。その一方で富士フイルムは、フィルムを売るために新しい商品を作っています。それが「写ルンです」という使い捨てカメラです。

この商品が出たのは1986年でしたが、とても画期的なものでした。今は、コンパクトカメラはそれほど高くはないですが、当時は比較的高く、普通の大学生が気軽に買えるものではありませんでした。しかし、たとえばどこか遊びに行ったときなど、みんなで写真を撮りたいですよね。そういうときに、「写ルンです」を買うわけです。当時1台1,000円前後だったと記憶しています。最初は、フラッシュ機能が付いていませんでした。その後、フラッシュが付いて少し値段が上がりましたが、それで便利さも向上しました。

こうやって、フィルムからフィルムに関する新しい商品を創り出して、富士フイルムは当時としては非常に面白い商品を世に生み出したのです。これは、あとからコダック社が真似をすることになります。

表2は富士フイルムのホームページに掲載されている事業別の売上高です。イメージングソリューション部門、つまり写真や映像に関するビジネスは、今ではもう2割を切っています。一方、インフォメーションソリューション部門（現在ではヘルスケア＆マテリアルズソリューション部門）、というところに、いろいろと新規事業が詰まっています。その1つに、化粧品事業があります。アスタリフトホワイトという商品が

表2　富士フィルムホールディングスのセグメント別売上高

（万円）

売上高	2012年度		2013年度		2014年度	
イメージング ソリューション	294,817	13%	373,624	15%	361,033	14%
インフォメーション ソリューション	907,713	41%	933,844	38%	953,541	38%
ドキュメント ソリューション	1,012,166	46%	1,132,485	46%	1,178,031	47%
合計	2,214,696		2,439,953		2,492,605	

出所：富士フィルムホールディングス「セグメント情報」（https://www.fujifilmholdings.com/ja/investors/performance_and_finance/segment_information/index.html：2018年12月29日アクセス）。

特に有名ですから、商品名を耳にした人もいるのではないでしょうか。いろいろな多角化された事業から成り立っています。

　そして、3つ目の柱がドキュメントソリューション部門です。富士フィルムが画期的だったところは、デジタル化の波が来るときに多角経営をしたことです。その多角経営のうち、1つの大きな投資がドキュメントソリューションでした。要は、コピー機を作り始めたのです。

　ゼロックスという会社と手を組んで、富士ゼロックスという会社を作り、今では日本のコピー機市場の最大メーカー、最大サービス・プロバイダーとなっています。大学や官公庁にシェアをたくさん持っていて、コピー機を売ったりリースをしたりして得られる収益がドキュメントソリューション部門の主な収益です。

　このような事業の多角化を、コダック社は全くしていません。フィルムにすごく固執していました。それは、自分たちの製品が一番市場で力があって、技術的にも大変高い評価をずっと受けてきたからなのでしょう。

5．「Cognitive inertia」が会社の危機を生む

　もう1つ面白い話があります。デジタル技術がこれからは大切だと思っていたコダック社は、「Ofoto」という、インターネット上で写真を共有するプラットフォームを作る会社を、子会社として持っていました。今で言えば「Instagram」や「Facebook」みたいなサービスですが、2000年ごろには似たようなものがたくさんありました。そのうちの1つを子会社にしていたのです。

　しかし、「Ofoto」は「Facebook」や「Instagram」にはなれなかったのです。なぜかというと、写真を強調するあまり、写真を共有する機能は満載だったのですが、それ以外のことが見通せていなかった。人々が「Facebook」や「Instagram」に写真をアップするのは、「自分が何をしたかを友達などに伝えたい」など、経験したことを共有したいからです。写真を共有するのではなくて、経験を共有する。残念ながらコダック社は、そういう時代が来ることを、見通せなかったのですね。それで、死にかけることにまでなってしまいました。

　技術的には非常に高く、特許もたくさん持っていたコダック社が、どうして新しいビジネスを作り出せなかったのか。その理由はいろいろありますが、ハーバード・ビジネススクールのトリプサスとガヴェッティという教授たちが2000年に主張したのは「cognitive inertia（＝認識の緩慢さ）」の重要性です。端的に言えば、新規ビジネスへの認識が甘かったということです。

　では、どうして認識が甘くなってしまったのでしょうか。自分たちはフィルムで、ずっと世界ナンバーワンだったからと、油断したということもあるでしょう。19世紀に設立された企業で、何十年もの間ずっとナンバーワンで、不動の地位を築いた会社でした。そのような組織の中でずっと過ごしていた意思決定者たちは、「デジタル化はやってくるだろう」と、いろいろ投資はしてみても、「写真が持つ意味というのは変化

企業組織の寿命　　63

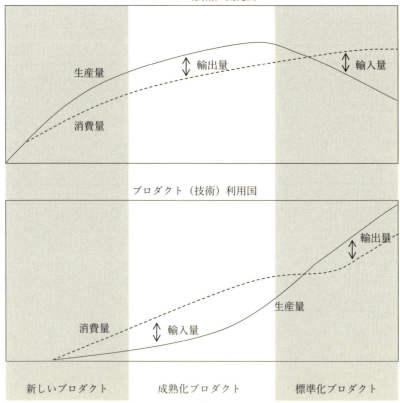

図2　プロダクト・ライフサイクル理論
出所：Vernon (1966, p. 199) をもとに筆者が作成。

しないだろう」と考えていたのかもしれません。

　だから、先ほども述べたように、写真をプリントアウトするような機械をアメリカ中に展開しました。やはり、紙にプリントした写真をみんなが手に持って歩くのが、これからも続くだろうと、無意識に信じ込んでいたのかもしれません。しかし、時代はそうならなかったということです。

　一般的に、このような認識の甘さが、会社が危機の際に生まれ変わる

ための障害になります。

　図2はレイモンド・バーモンという、ハーバード大学出身のプロフェッサーが、1966年に書いた論文の中で出てくる図を、少しアレンジしたものです。ここにはプロダクトと書いてありますが、テクノロジー（技術）と読み換えてもいいでしょう。プロダクト・ライフサイクル理論と呼ばれています。

　この理論では国単位で技術利用の分析をします。新しいテクノロジーを最初に作った国は、その技術ができた初期の段階では、その技術を使ってサービスや製品の生産を右肩上がりに上昇させていきます。しかも、生産が消費を上回り国内では供給過剰になるので、余剰部分は外国へ輸出して世界的なシェアをどんどんと伸ばしていきます。

　しかし、やがてその技術がだんだんと成熟していきます。成熟化プロダクトとありますが、技術が成熟化すると、その技術の開発国以外でも、技術力が追い付いてきて、その技術を利用したプロダクトの生産が可能になってきます。

　さらに、その技術が標準化してしまい、もともとの開発国以外の国、例えば先進国だけでなく発展途上国やエマージングマーケット（新興国）と呼ばれている国でも応用が一般的になると、逆にその技術を作った国では、もうその技術を使ってプロダクトを供与しても、あまり意味がなくなってしまいます。つまり、他国と比して生産コストが高いなどの理由から、逆に生産コストの安い国から高い国への輸出へとシフトしていくことを表すグラフです。こういったことが、フィルムとデジタル映像の世界でも起こったのではないかと思います。

　経営層の認識の甘さということを関連させて考えてみると、この技術が生まれてから廃れていくまで、いろいろな段階を経ていくわけですが、今どの段階に来ているのかということを見誤りがちです。特に、自社の技術が絶大で、自社のプロダクトが世界を席巻しているとき、経営層に

認識の甘さを引き起こし、世界市場の動向や業界トレンドのシフトが見誤りやすくなることを表している事例ではないでしょうか。

　2011年にほとんど寿命を迎えて生まれ変わったコダック社が、今何をしているかというと、講義実施の2018年時点で発売が噂されていた新生スーパー 8 カメラの開発です。一世を風靡したクラッシックカメラのスーパー 8 には、愛好家やマニア、アーティストなどを中心に熱心なファンがいます。同様のデザインでリニューアルした、アナログとデジタルの技術を複合したようなカメラを出そうとしています。

6．日本企業が有機ELディスプレーで遅れをとったわけ

　フィルムやデジタルイメージングの話をしてきましたが、関連して考えたいのが、例えばiPhone X に使われている有機 EL ディスプレーです。例えばサムソンやファーウェイの最新機種など、有機 EL ディスプレーを使った携帯電話がどんどん増えてきています。

　日本企業の家電メーカーや電機メーカーは、今まで有機 EL よりも、どちらかというと液晶ディスプレーに多くの投資をしてきました。顕著なのがシャープです。そこに日本メーカーの強みがありました。

　ところが、シャープも近年経営が立ちいかなくなって、死にはしませんでしたが、2016年にホンハイという台湾の大企業に買収され、その傘下に入ったわけです。今後の液晶ディスプレービジネスは日本でどうなるのか。本当に生き残れるのでしょうか。

　日本のメーカー各社も、有機 EL ディスプレーを作って、大型テレビなどを出していますが、少し遅れに失しました。韓国のLGや、携帯に関してはサムソンの有機 EL ディスプレー、成長著しい中国企業などが市場シェアを多く持っていて、日本は後発になっています。

　ここにも先ほどの、「Cognitive inertia」、つまり経営の緩慢さがあったのではないかという気がしています。「私たちは技術もあるし大丈夫

なんだ」と信じ込んでいて、次世代技術への方向転換に遅れたところがあったのかもしれません。

　ちなみに、有機ELディスプレーのもとになる技術を作ったエンジニアはコダック社の社員でした。1978年に有機ELディスプレーの素材になるものを発明しているのです。だから、かつてコダック社は本当に技術的に素晴らしい会社だったのです。

7．企業の寿命とダイバーシティ

　さて、新しい技術を作ってもしばらくすると、ほかの会社や他国にどんどん広がっていって、競争的優位がなくなるということがわかりました。では、将来を見すえて、経営上の認識の甘さをどうやってなくしていけばいいのでしょうか。

　これは非常に難しい問題で、経営学者だけでなく経営コンサルタントなどさまざまな人がいろいろなことを言っています。その中で、この講座でほかの先生もお話しをされたということを伺いましたが、「ダイバーシティ」、すなわち多様性の効用を発揮できる組織作りというものがあります。

　ダイバーシティというと、日本では「女性活躍」と関連付けて語られることや、働き方改革と絡めて話されることが多いのですが、それだけではありません。いろいろな考えを持った人が集まっている集団の方が、より多くの情報にアクセスできるので、自分たちの甘さにも気付けるかもしれないし、魅力的な商品を生み出すようなアイデアを育てていける可能性だってあるでしょう。「同じようなことを考えている人たちが集まっているよりも、いろいろなアイデアを持った人たちが集まった方がいい」というのが基本的な考えです。

　最近は特に、ダイバーシティとイノベーションの関係について議論されることが多くなっています。例えば、ダイバーシティを推進している会社

が本当に革新的な商品を世にたくさん送り出しているのか、それとも逆なのか、という議論です。革新的な製品を送り出していて非常に業績がいいから、多様な人たちを雇うことができるし、彼らがコンフリクトなく活躍できる職場を提供できるのではないかという、因果が逆なのではないかという説もあります。しかし通説では、多様性を許容できる組織はイノベーティブな、革新的な組織であるというような言い方をされます。

ただし、多様なメンバーが働くチームや組織は、マネジメントが非常に難しいと言われています。なぜなら、人間というのは差別をする生き物だからです。みんなそれぞれ、差別をする傾向を人間は持っています。それはどういうことでしょうか。つまり、人は自分と似た人に親しみを覚える傾向にあることと同義なのです。

自分にとって味方になる人や、自分と似たような人を仲間だと思い、そうではない人のことを、「あれ？何かあの人はちょっと変なのでは？」と思ってしまうことは、誰にでもあることです。それは残念ながら、人間が生まれ持った傾向です。しかし、その生まれ持った傾向だということを意識しているのとしていないのとでは、そういった傾向を是正できるかどうかに関わってくるのではないでしょうか。だから、人は差別する生き物なのだと意識できることは必要です。

ダイバーシティだけを強調している組織は、多様な人をどんどん入れていくのですが、それをうまく使いこなせません。使いこなし、活躍してもらうためには、インクルージョンの発想が必要です。インクルージョンとは、組織やその構成員が、どの程度多様なメンバー同士を連携させ、参画させ、効果的に使いこなせるかということです。

では、多様な人々をどうやって仲間として受け入れることができるのでしょうか。特に、今までのマジョリティーグループが、マイノリティーグループを、自分たちの一員として受け入れるようになるのは大変難しく、時間も忍耐も必要となります。

しかし、難しくはあるのですが、大まかに言うと多様性の度合いが高ければ高いほどよいのです。つまり、マイノリティーグループがはっきり見えるような状態ではなく、マイノリティーグループも1つじゃなくてたくさんいる状態がよいのです。

　今の日本の組織だと、ダイバーシティーというと「女性をどう活躍させるか」と見てしまいがちです。さらに、母親になった方をどうやって職場に復帰させるか、といったことだけに着目してしまいます。そうなると、ダイバーシティーはなかなかうまくいきません。スポットが当たった人は逆に居心地が悪くなってしまったり、またスポットが当たらなかった人、例えば子供のいない女性や男性が、ワーキングマザーだけを支援することに対して、よく思わなかったりする可能性もあります。つまり、不公平に感じるということです。そうではなくて、みんなにとって働きやすいインクルーシブな職場にするには、どうするかという方向に考え方や施策を持っていかないといけないのです。

　子供ができれば、親になるのは女性だけではありません。男性も家事を分担したりしないと幸福な家庭は作れないので、男性ももちろん早く帰宅しないといけません。

　しかし、そうすると今度は、独身で子供がいない人はどうなのか、ということになります。例えば、独身の人が今日は仕事帰りにスポーツジムやヨガに行こうと思っていたのに、育児が必要な人の代わりに働かなければならなくなったら、精神的にも肉体的にも負担になります。独身の人であっても、自分が気持ちよく会社に来て仕事をしたいはずです。したがって、誰もが快適に働けるような働き方改革の施策を取る方向に、話を進めるべきなのです。

　今の日本だとそういう男女の話が多くなりますが、それだけではありません。皆さんの中には、留学生がいるかもしれません。留学生だって何年かしたら就職活動をして、企業に採用されていくでしょう。企業の

留学生枠も、これから増えていく傾向にあります。

そうすると、職場の隣のデスクには外国人の上司がいるかもしれないし、外国人の部下ができるかもしれません。また、労働市場も流動的になってきていますから、中途採用で入ってくる部下の社員が、年上であるケースも生まれてきます。

そういう多様な環境で、どうやって自分も周りの人も活躍できるのか。この点に着目していかないと、おそらく「Cognitive inertia」、つまり認識の緩慢さや甘さというものは克服できないでしょう。

参考文献
・中小企業庁（2016年）『中小企業白書（2016年版）』。
・中小企業庁（2018年）「倒産の状況」(http://www.chusho.meti.go.jp/koukai/chousa/tousan/index.htm：2018年12月29日アクセス)。
・富士フイルムホールディングス（2018年）「セグメント情報」(https://fujifilmholdings.com/ja/investors/performance_and_finance/segment_information/index.html：2018年12月29日アクセス)。
・Anthony, S. (2016), Kodak's downfall wasn't about technology. *Harvard Business Review*, Published on July 15, 2016 (https://hbr.org/2016/07/kodaks-downfall-wasnt-about-technology).
・Lau, D. C., & Murnighan, J. K. (1998), Demographic diversity and faultlines: The compositional dynamics of organizational groups. *Academy of Management Review*, Vol. 23, No. 2, pp. 325-340.
・The Economist (2012), Technological change: The last Kodak moment? *The Economist* (print edition), Published on January 14, 2012 (https://www.economist.com/business/2012/01/14/the-last-kodak-moment).
・The Economist (2012), Sharper focus: How Fujifilm survived. *The Economist* (blog), Published on January 18, 2012 (https://www.economist.com/blogs/schumpeter/2012/01/how-fujifilm-survived).
・Tripsas, M. & Gavetti, G. (2000), Capabilities, cognition, and inertia: Evidence from digital imaging. *Strategic Management Journal*, Vol. 21, No. 10/11, pp. 1147-1161.
・Vernon, R. (1966), International investment and international trade in the product cycle. *Quarterly Journal of Economics*, Vol. 80, No. 2, pp. 190-207.

生命現象を組織として理解する

舟橋 啓

（ふなはし あきら）慶應義塾大学理工学部准教授。1971年生まれ。慶應義塾大学大学院理工学研究科計算機科学専攻博士課程了。博士（工学）。専門はシステム生物学・定量生物学。著作に『System Modeling in Cellular Biology: From Concepts to Nuts and Bolts』（MIT Press、2006年、共著）、『Introduction to Systems Biology』（Humana Press、2007年、共著）、『Modeling and Simulation Using CellDesigner』（Springer、2014年、共著）などがある。

はじめに

慶應義塾大学理工学部生命情報学科の舟橋啓です。今日は、「組織をネットワークとして理解する」というテーマで話をしたいと思います。

組織と言うと、例えばこのクラスも組織です。そしてこのクラスは、受講している個々の学生から構成されています。つまり、組織には必ずそれを構成する「個」があり、「個」の集団、集合が組織になっています。しかし組織を理解する際には、「個」の1個1個を見ていても、なかなかわからないことが多いのです。

例えば、道路の渋滞はどうして起こるのでしょうか。車に乗っていて、渋滞に当たったとき、「なぜ渋滞が起きるんだろう」と思って、自分の車や周りの車1台1台を見ても、わかりません。事故で通行が止まっている場合だったら理由は明確ですが、そうではなくても自然に渋滞は起きます。

このように複雑な全体が、確かに何か普段と違う状態になっていて、でも個々を見てもその原因がわからない渋滞のようなときに、どうやって考えたらその現象は理解できるのでしょうか。

　もう1つの例として、緊急時の避難経路があります。例えば地震や火事があった際に、全員が脱出しなければならないわけですが、その避難経路は十分に確保されているのか、全員が外に出るまでどのぐらいの時間が必要なのか、といったことを、建物を造るときには考えなければなりません。これが、難しい問題なのです。

　これは「YouTube」の動画で、アメフトのスタジアムです。アメリカでは非常に多くの観客が入りますが、試合終了後に観客が外に出るときの様子をコンピュータでシミュレーションしているものです。座席の位置に応じて観客に色が塗りわけられていて、どこに座っている人が、どのくらいの時間で外に出られるのか、全員が退出するまでに必要な時間などがわかります。

　こういうことを考えるときに、組織全体の問題になります。

　スタジアムにいる観客が1人だとして、その人が外に出るまでの時間だけを考えて、「この席から外に出るまで何分だから、この設計で大丈夫だ」としてはいけないわけです。

　それはなぜかというと、たくさんの人がいる場合には、個々人は自由に動けないからです。混雑しているところでは、ほかの人がいて自分が思った速度で歩けなくなります。個と個、物と物、人と人とが、お互いに干渉する、相互作用が起きます。今回の場合だと「ぶつかる」といった相互作用です。それがあると、個ではなく全体というものとして考えなければならず、これがなかなか難しいのです。

1．組織を「ネットワーク」として考える

　また別の例ですが、「うわさ」がどうやって広がるのかを考えてみま

しょう。「誰々さんは何とかららしいよ」とか、「何々という新製品が出るらしいぜ」みたいなうわさ話ですが、これにも、広がりやすさ・広がりにくさみたいなものがあります。

　例えば、すごく速く、広く拡散するようなうわさが、どうしてそんなに拡散するのかがわかれば、流行をつくることにも応用できそうです。つまり、すごい速さで広まるうわさと同じやり方で、広告をすれば効率がいいでしょう。

　これはもうすでにいろいろなところでやられていますが、1つの有効な方法としてあるのが、今はソーシャルネットワークです。例えば「Facebook」に何かを書いたときに、それが自分の友達の画面に出ます。それをまた別の人が「Twitter」などにツイートして拡散していくようなことがあるわけです。

　ある1人の面白い発言や、興味深い知見のようなことを、そこのソーシャルネットワーク上でつぶやく、あるいは書き込むということで、その人の話というのが、一気に広まっていきます。これはテレビのように、少数のつくる側と、多数の見る側とがはっきりわかれているものではなく、個々人が誰でも発信できるので、昭和の時代とは違うメディアの在り方だと考えられています。

　「Facebook」だけに限らず、「Twitter」や「Instagram」もそうですが、このソーシャルネットワークの世界では、人は「アカウント」と呼ばれますが、人と人、つまりアカウントとアカウントがどうやってつながっていくのかを考えてみます。

　私のアカウントが「Facebook」上にあります。1人でやっていても誰も見てくれないので、「Facebook」をやっている友達がいればその人と「友達」になります。「Facebook」やSNSの世界での「友達」というつながりをつくるわけです。

　すると、それぞれの「個」のアカウントが線で結ばれて、「私と君は

生命現象を組織として理解する　　73

- うわさはどうやって広がるの?
- 流行はどうやって生まれるの?

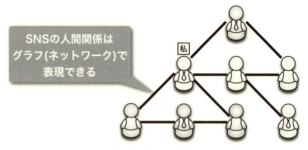

図1　全体（組織）を理解するには?

お友達」のような関係を表す線が引かれるわけです。実際にこの「Facebook」や「Twitter」などのソーシャルネットワーク上のデータも、図1のように表現されます。その後も、リアルな友達でSNSを使っている人を見つけたら「友達」申請をします。新しい友達と私は、新たに友達関係をSNS上でつくります。すると私から枝みたいな線が引かれて、別な方とつながるわけです。こうして線が増えていきます。

今、私を中心に見ているので、私の「友達」は今4人いて、図1に示すような線でつながっています。しかしこれは、私を中心に見ているからこう見えるので、最初に始めたときの「友達」や、2番目の人には、私以外の友達がいるわけです。私の「友達」の友達関係は、どうなっているかというと、例えば図1に示すような友達関係だったとします。

ある人とさらに友達関係でもあり、しかも驚くことに、この「友達」の「友達」は、私の別の「友達」と、さらに「友達」関係にあります。よくある「世界は狭いね」のような、友達の友達が実は元の知り合いだったみたいな関係がつくれたりするわけです。こんな感じで私は、その「友達」の「友達」の枝を増やしていきます。そうすると、ソーシャルネットワーク上の人と人とのつながりは、図1で示すようなグラフで表

現されます。

　このグラフは、分野によっては「ネットワーク」と言われます。グラフやネットワークの書き方の特徴としては、ある対象があって、それは丸で書いても四角で書いてもよくて、今回はわかりやすいように、こういう人型のシンボルで書いたけれども、その間に関係があるというときに、その丸と丸同士、もしくは人のアイコン同士を線で結ぶ構造になります。

　例えば、私を中心に描いた場合は、基本的に私がネットワークの中心や一番上に来ますが、この位置というのはずれていても結局は同じものを表しているので、位置の情報は重要ではありません。

　私の研究室では、こういう「個」だけ見ていてもわからないけれど、集団で何か面白いことが起きているというときに、どうやって理解しようかと考えた場合、ネットワーク・グラフで表現すれば何かわかるのではないかということをテーマにしています。

　ここまでの話は前置きで、今日本当に話したいことは、このとても不思議な昆虫のことです。

２．乾燥させても死なない昆虫、ネムリユスリカ

　今から話す昆虫の話は、先ほど話していた渋滞の話や、ソーシャルネットワークとは全然関係ないのではないかと思うかもしれませんが、あとでつながってきます。

　これは「ネムリユスリカ」という蚊の一種です。この昆虫を対象とした研究を、今、博士課程の２年生で、かつうちの学科の助教の山田貴大君が４年生のときから進めています。

　ネムリユスリカはすごく不思議な生き物で、乾燥耐性、つまり乾燥に耐えることができる性質を持っています。今流している動画は48時間の時間で録画したものを早回しで再生しています。ネムリユスリカを幼虫

のときどんどん乾燥させます。そうすると、イメージとしては、インスタントラーメンの麺の水が抜けていく感じで、本来はふにゃふにゃなものが、どんどんカラカラになっていきます。生き物を乾燥させて水分が抜けてしまったら、死んでしまうと思いますが、このネムリユスリカというのはすごく不思議な生き物で、長い乾燥があると無代謝状態になります。要するに仮死状態で、生命活動を停止します。少し違いますが、冬眠のようなものです。体の中でエネルギーをつくったり消費したりという活動が抑えられます。

　その後、カラカラのインスタントラーメンみたいになったネムリユスリカの幼虫に、水を加えます。これを再水和(さいすいわ)状態と言います。すると、カップラーメンの麺がふやけていくのと同じように、元の形に戻っていって、あるところで、ぶるぶると動き出して、再び生き返るというか、活動を再開するのです。

　ではどのくらいの時間、乾燥状態で活動が止まった状態を維持できるのかというと、乾燥させてから10年以上たったネムリユスリカに水を加えても動き出すということが、1960年の論文に示されています。乾燥状態で10年間取っておいて、10年越しに水を加えたらネムリユスリカが復活したのです。

　要するに、乾燥させても死なずに仮死状態となり、その状態から復活するすごく珍しい生き物で、この機構のことを乾燥耐性といいます。私たち研究者たちがこれを見たときに、この生き物はすごく面白いと思うのは、例えば生物は生きているわけですけれども、「じゃあ、生命って何だろう」「生きているって何だろう」と考えます。「生きているとは何か」を知ることは、「死んでいるというのはどういうことなのか」を知るのとほぼ同じです。生きている状態から死んだ状態に遷移するわけですが、その状態の遷移というのは何によって起こるのか、そこの「際」がどこなのか、あるいは、生と死を行ったり来たりできないか、などを

考えることは、私たち生物を研究している人間にとってはすごく興味深いことです。

ネムリユスリカは、ほぼ死んでいるということと、生き返るということができる生き物なので、これは研究の対象としてはすごく面白いターゲットです。5年ぐらい前から研究をして、この不思議な生き物の、乾燥して再水和で復活するかという、その仕組みを知りたいと思っています。

今日は、乾燥させていく過程で、私たち人間だったら死んでしまいますが、ネムリユスリカはどうやって死なずに、あとで生き返られる状態を準備しているのかという、そこの秘密に迫る話をしたいと思います。

3．遺伝子とは

この乾燥に耐えられることが、どのような遺伝子によって駆動されるのかということと、どのような刺激によって下流の遺伝子を発現させるかという生物の問題として置き換えると、ちょっと何かわかりそうだなと思います。とは言え、急に遺伝子とか発現とか下流遺伝子とか言われても困るので、遺伝子とは何だろうかという話から始めます。

私たちの体は細胞によってつくられています。細胞の中にDNAがあるというのは、たぶん多くの人がご存知かと思います。DNAの中には遺伝子が入っていて、人間の場合でだいたい2万2,000ぐらいの遺伝子が細胞の中にあると言われています。

図2で言うと、遺伝子A、B、Cのようなものが、全部で2万2,000ぐらいあります。それは私らの体の設計図だと言われていて、個人でちょっとずつ違います。例えば顔が親に似ているとか、祖父母が持っていた病気を受け継いでしまったということがあるように、遺伝子というのは次の世代に情報を渡しています。父母の情報をくっつけて、父親から半分、母親から半分ずつ情報が渡されている設計図です。

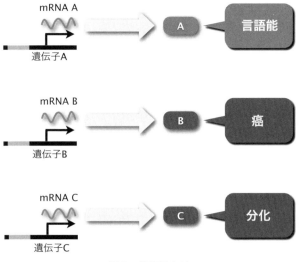

図2　遺伝子とは

　この設計図が私たちの体にあるということは、どういう意味を持っているのかということを、ごく簡単に説明をすると、例えば遺伝子 A があります。これは DNA 上のどこかの領域に情報として入っているわけです。この遺伝子が「mRNA（メッセンジャー RNA）-A」──今、遺伝子 A だからうしろに A が付いています──、に転写されます。

　要するに、設計図から何か部品が組み立てられたと思ってください。この mRNA-A は最終的にタンパク質 A に翻訳されます。遺伝子に書かれた設計図は、mRNA を経てタンパク質がつくられていくわけです。ここで大事なポイントは、遺伝子 A という領域は、DNA 上に 1 ヵ所しかなかったとしても、タンパク質 A や mRNA-A は、たくさんつくられるということです。設計図は 1 個しかないけれども、それをもとにたくさんつくられる関係になっています。次の遺伝子 B からは、mRNA-B が転写でつくられて、その後この mRNA-B を使って、タンパク質 B が翻訳されてつくられます。遺伝子 C も同様です。

このように、遺伝子A、B、Cは、別の情報が書いてある、つまり別々の設計図になっているので、当然つくられるものも、それに対応した別のものがつくられます。私の体に遺伝子A、B、C、があると、タンパク質A、B、Cが私の体の中に今つくられているわけです。
　タンパク質は、基本的には私たち生き物の持つ機能を担っています。例えばタンパク質Aがあると、機能Aを持ちます。タンパク質Bがあると、機能Bを持ちます。タンパク質Cがあると、機能Cを持ちます。逆に言うと、もし私の体に遺伝子Aが書かれていなかった場合、つまり設計図がなかった場合、私は機能Aを持たないということになるわけです。これは古くからある遺伝学の考え方です。本当はもうちょっとややこしいのですが、今日の授業のレベルなら、このくらいの理解でも大丈夫です。
　では、具体的にどんな機能があるのでしょうか。例えば、遺伝子Aがあることで、タンパク質Aがつくられて、その結果、それが私たちの脳の中のどこかで働いて言語脳を持つ、つまり言葉を理解できるという能力になります。有名な話で、チンパンジーと人の遺伝子を比較したときに、ある遺伝子A（FOXP2という遺伝子）が人間にはあるけれども、サルやチンパンジーにはなかった。それで、その遺伝子によって人は言語能を持つということがわかったということがあります。
　ほかには例えば、がん遺伝子がたくさんあるとがんになってしまうとか、また、iPS細胞や再生医療が非常に話題になっていますが、iPS細胞をつくる際にも遺伝子が重要な役割を担っています。
　みなさんがご両親から受け継いだ遺伝子は、それぞれ何かしらの機能があって、人それぞれ少しずつ違っていて、その違うところで、例えばがんになりやすかったり、なりにくかったりとか、一重まぶただったり、そうじゃなかったりとか、髪の色や目の色の違いが決まっているのです。
　一方で、私たちが言語を話せて理解できるということは、先ほど話し

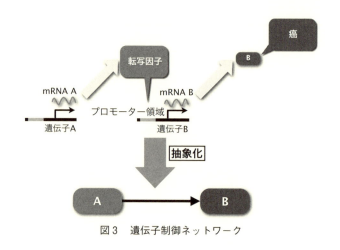

図3　遺伝子制御ネットワーク

た遺伝子Aはみんな持っているということです。人はみんなこの遺伝子は持っていますが、細かいところで少し違うということになるわけです。

　遺伝子は、どんな生物種にも含まれているので、先ほどのネムリユスリカにも遺伝子はあり、だいたい1万7,000ぐらいが見つかっています。生物のいろいろな問題を知ろうと思ったときに、遺伝子のレベルで理解することはすごく大事です。その設計図を今は読めますし、その設計図からどういうことが起きているかということが予想できるからです。

4．遺伝子とネットワーク

　遺伝子の仕組みを少し理解していただいたところで、もう1つ先に進みます。先ほどは、個々の遺伝子について、遺伝子Aは言語能をつくる、遺伝子Bはがんをつくる、遺伝子Cは分化させると、1個ずつを見てわかるようなことを言いましたが、実際の生き物は、こんなにシンプルではありません。実際には図3に示すようなことが起きています。

　例えば、遺伝子Aがあります。先ほど話した通り、遺伝子Aからは

mRNA-Aが転写されてつくられます。これはたくさん、どんどんつくられます。このmRNAから最終的にタンパク質が、どんどんつくられます。さっきまでは、これが機能Aを持つみたいに説明しましたが、実はこのタンパク質Aが、遺伝子BがコードされているDNAの少し上流にあるプロモーター領域と呼ばれるところにくっつきます。

　遺伝子Bの少し前の領域であるプロモーター領域にタンパク質Aがくっつくことで、mRNAの転写がすごく増える仕組みが私たちの体にはあります。その結果、タンパク質Bがどんどんつくられます。タンパク質Aがたくさんあると、それが遺伝子Bのプロモーター領域にくっつくことで、タンパク質Bがたくさんつくられるのです。要するに、タンパク質Aが、遺伝子Bを生成する「スイッチ」になっていると考えられます。

　結果的に、その遺伝子Bががん遺伝子だった場合には、これががんにかかわるタンパク質になります。そこで、例えば「がんを制御しよう」「がんを治そう」と考えたときに、Bを消してしまえばいいとも考えられますし、BのスイッチとなるAを消してもいいだろうとも考えられます。

　こういうタイプのタンパク質Aは、転写を制御するもの、要するに遺伝子Bの転写というmRNAをつくる過程を制御するものだとして、転写因子と呼ばれています。この複雑な一連の流れを、とても簡単に模式図で抽象化して描くと、図3下部のように描けます。

　図3下部は、タンパク質Aがあり、タンパク質Bがあり、AはBを制御している、ということを表しています。AがあることでBがたくさん増える関係を、ネットワークとして描くと、タンパク質Aは遺伝子Bの発現、転写を活性化させていますという矢印を描くことになります。これはひいては遺伝子Aがあることで、遺伝子Bの転写翻訳が進むということです。こういう絵で描かれるネットワークのことを、遺

伝子がお互いどういうふうに制御し合っているのかということで、「遺伝子制御ネットワーク」と呼びます。

　最初の方の話に戻りますが、私たちが不思議な現象を見つけたときに、それは遺伝子の集団の振る舞いによって決まっていると考えます。1個の遺伝子だけで決まるわけではないのです。

　例えばネムリユスリカの乾燥耐性は、1個の遺伝子があるからそれを持つと考えるのではなく、1万7,000の遺伝子が、お互い複雑に作用し合った結果、そういう仕組みを持っているのだろうと考えます。そして、「これをヒトは持っていないのだろうか」ということを、このようなネットワークのレベルで考えようというのが、私たちの研究の目的なわけです。

　例えば図4に示すように、遺伝子AがBの発現、要するに転写を制御しています。BはCを、CはDを、DはEをというような関係のネットワークが描けた場合、私たちは何かがわかりそうです。これは、SNS上のAさん、Bさん、Cさん、Dさんの、誰が誰をフォローしているのかという関係と同じように考えますが、こういう全体図を私たちが知ることができたら、例えばネムリユスリカの問題だったら、乾燥耐性がどのような遺伝子によって駆動されるのかがわかります。乾燥耐性自体を持たせる最初のスイッチとなる遺伝子は誰か。SNSのうわさの話で言うと、うわさの発端になる人は誰か、みたいなものがわかるということです。

　図4のネットワークを最下流から逆にたどると、遺伝子Aが開始点になっています。遺伝子AからBに行って、Cに行って、Dに行って、Bに戻るみたいな感じの関係になっていそうです。これで、遺伝子Aによって駆動されているのではないかとわかります。

　あとはどのような刺激——今回は、自分の体がどんどん乾燥していってしまう乾燥ストレスという刺激ですが——によって、どういうふうに

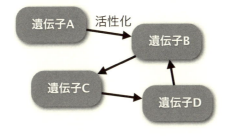

遺伝子間のネットワークに注目

乾燥耐性が
1）どのような遺伝子によって駆動されるのか
＝遺伝子Aによって駆動されている
2）どのような刺激によって下流遺伝子を発現するか
＝遺伝子Aに与えられた刺激を遺伝子B、C、Dを介して伝達する仕組みがある
図4　ネットワークを利用した現象の理解

下流の遺伝子を発現するか。要するにAからB、BからC、CからD、DからBみたいな順番だということが、またわかったりするわけです。これは、うわさの発信源のAさんが、「こういうことらしいよ」と言い出したら、あるいは広告を出したら、どういう人を経由して、全体にそのうわさや広告が広がっていくのかがわかるということと同じです。

　例えば、この遺伝子AからBに制御があるとか、CからAに制御があるとか、CからD、DからE、EからFという関係が取られたとします。遺伝子の制御関係の場合には、遺伝子Aがあると遺伝子Bが発現して、転写されたタンパク質になりますが、どんどん増えるオンのスイッチだけではなくて、逆の効果もあります。

　例えば遺伝子Fがあることで、タンパク質Cがつくられることをストップさせるという不活性化の作用もあります。これは矢印ではなくて、先頭が横棒になった線で表現されることが多いです。遺伝子の場合はプラスに働く場合と、マイナスに働く場合の2種類があって、私たちはその両者で構成されるネットワークを見つけたいのです。

ネムリユスリカの遺伝子制御ネットワークがわかれば、どの転写因子が乾燥耐性を最初に駆動するのに必要か、乾燥の刺激が下流の転写因子にどうやって伝わっていくのかがわかります。

　こういう方法で、生き物の現象を調べているのは、私たちが世界で初めてではありません。ほかの生物種に対して、同様のことをやっている研究事例はあります。こういうものを先行研究と呼びます。遺伝子をノックアウトさせたデータから、先ほどの遺伝子A、B、C、Dみたいな関係を予想、推定した研究は15年くらい前からあります。

　これは酵母という、お酒を造ったりするのに使われる生き物ですが、単細胞のすごくシンプルな生き物です。その酵母の中の遺伝子をノックアウトします。ノックアウトとは、遺伝子Aに書かれている設計図情報を、おかしくして使えなくしてしまうことです。

　遺伝子Aをつぶすとか、遺伝子Bの設計図を書き換える、Cを書き換える、Dを書き換えるなど、いろいろなことをやって、その後、Aをつぶしたらどうなったかという実験のデータから、ネットワークを推定した研究事例です。

　ほかの先行研究としては、大腸菌というさらにシンプルな生き物がいますが、これに対していろいろな刺激（ストレス）を与えます。

　例えば乾燥のストレスでもいいし、酸を加えるというストレスでもいいです。さまざまな環境を変えて生きづらくしてやります。そうやって生存しにくくしたときの、それぞれの遺伝子の発現量、遺伝子からmRNAに転写された量を測ります。例えば、こういう刺激を与えたときは、mRNA-Aがたくさんつくられた、こういう刺激を与えたときはmRNA-Bが多くつくられたということを、時間を追って測定し、ネットワークの推定をした事例があります。

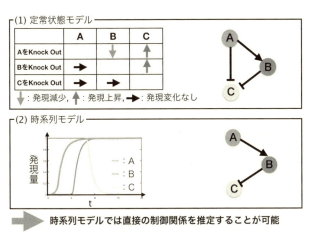

図5 遺伝子制御ネットワーク推定方法の概観

5．遺伝子制御ネットワークの推定

　もう少し中身をくわしく見ましょう。先行研究には2種類の方法があって、1つはノックアウトをする。つまり遺伝子、設計図をつぶします。それを図5（1）の定常状態モデルと言います。難しそうな名前ですが、実際にやっていることは全然難しくありません。

　どういうことかというと、ある細胞の遺伝子Aをつぶしました、設計図を書き換えた生き物をつくりました。別の実験では遺伝子Bをつぶしました、別の実験ではCをつぶしました。つまり、設計図Aがない生き物、Bがない生き物、Cがない生き物の3種類をつくりました。

　そして、例えばAをつぶした細胞の中のmRNAの量、タンパク質の量でもいいですが、B、Cの増減を実験で測ります。

　そうすると、Aをつぶしたので、Aについて調べることはできませんが、Bの量は減り、Cは増えたとします。これが図5（1）の表の1行目（AをKnock Out）です。

　AがなくなったことでBが減ったということは、もともとの関係と

して、AがあるからBはたくさんつくられるという制御があったのではないかと予想できます。Bをたくさんつくるスイッチとなる A がなくなったので、Bもつくられなくなったのではないかと予想できるわけです。

　次に、Aをつぶしたときに、Cはむしろ増えています。これは、もともとはAがいたのでCは抑えられていたのですが、Aがいなくなってから C が増えた。つまり、A は C のオフスイッチとして働いていたのではないかと予想できます。

　次の行では、Bをつぶしたときには、Aは変わらなかったがCは増えています。すると、もともとは、BからCへのOFFスイッチ、抑制する制御が入っていたのではないかと予想されます。

　さらに下の行を見ると、Cをノックアウトしたときは何も起きていません。つまり、CはAにもBにも関与していない、制御していないことがわかります。右に描いてあるのが、この表から推測できることを、矛盾なく表現したネットワークです。

　この方法は実験が比較的シンプルで簡単なわりには、それなりにわかることがあって非常に有効です。しかし1つだけ弱点があって、AからCの制御を考えたときに、Aが直接Cを抑制しているのか、それともAがBを増やして、増えたBがCを抑制しているのか、必要なのはどちらかだけなのか、それとも両方必要があるのかがわかりません。つまり、Aが直接Cを制御しているのかどうかは、この実験だけではわからないのです。

　一方、もう一つの大腸菌を使った研究の場合は、違うデータの取り方をします（図5（2））。こちらは遺伝子をつぶすことはせず、いろいろな異なる刺激を細胞に与えます。

　そして、その細胞のmRNAの量かタンパク質の量を測り、縦軸に取り、時間を横軸に取ってグラフにします。各時間で、最初は、タンパク

質A、もしくはmRNA-Aが少なくて、Bも少ない、そしてCは多いという状態です。時間を経るごとに、まずAが増えます。次に、少し遅れてBが増え、次にCが下がる、という結果になっています。

　この実験の方が大変です。時間ごとに測定した、たくさんのデータが必要です。その代わり、こういうデータが取れたら、先ほどの表とは違って、Aが上がってからBが上がる、そしてCが下がるということがわかるので、Aが上がったためにBが上がって、Bが上がったためにCが下がったというような、直接の因果関係あるいは制御関係というものを見つけることができます。

　私たちの今回の研究では、こちらの時系列モデルの方法を採用しました。時系列で発現量を細かく取ることで、正しいネットワークを推定しようとしました。

6．時系列モデルによるネットワーク推定

　時系列モデルを用いたネットワーク推定の手法なのですけれども、これはちょっとむずかしいので概要だけを簡単に説明します。時系列モデルのネットワーク推定には、2つの方法があります。1つ目は確率微分方程式を使う方法です。確率微分方程式という、大学1年生にはまだ少し難しい数式から実験で得られた時系列のデータがつくられている、と仮定して、実験データを一番うまく説明できる数式を見つける、という作業を行います。細かい説明は省きますが、うまく見つけられた数式が推定したいネットワークを表すことになります。

　もう1つ、ベイズ推定というのを使うダイナミックベイジアンネットワークモデルというものがあります。ベイズの定理という有名な式があり、いろいろな分野で使われていてかなり強力です。例えばネットワークの形状は何かとか、関係は何かというのを当てるのに、すごく有効なものです。

簡単な例を挙げると、例えば、夜に雨が降ったら翌日の朝、芝生が濡れているということは、容易に想像できると思います。しかし、もし私たちが、雨が降ったから芝生が濡れるということを知らなくて、観測できるのは、夜の天気と朝の芝生が濡れているかいないかだけだとします。そのような場合、夜の天気と朝の芝生の状態という2種類のデータを日々取り続けます。

　月曜日の夜、天気は晴れで、火曜日の朝、芝生は濡れていませんでした。火曜日の夜は雨で、水曜日の朝は芝生が濡れていました。そういうデータを、ずっと取り続けます。その結果、芝生が濡れたから雨が降ったのか、それとも雨が降ったから芝生が濡れたのか、つまり矢印の制御は、どっちからどっちなのか、それともまったく関係ないのか、ということを観測したデータだけから当てるのがベイズ推定です。

　多くの自然科学の問題を解こうとしたときには、2つのデータにそもそも関係があるのか、あるとしたら、どちらからどちらへの関係なのかということをすぐに当てることは困難です。そこで、データから一番うまく説明できるような関係を見つけるのに、ベイズ推定は有効な手段となります。これは尤度（ゆうど）と呼ばれるもので、「尤も（もっとも）らしさ」を表します。雨が降ったから芝生が濡れるということの尤度と、芝生が濡れているから翌日に雨が降るということの尤度を比較して、尤もらしい方を採択します。

　今回の問題の場合には、横軸が時間で、縦軸には例えば遺伝子A、B、Cの発現量、mRNAもしくはタンパク質の量をプロットします。そのとき、Aが先に上がって、Bが次に上がって、最後にCが下がるデータだった場合、A、B、Cによってつくられるネットワークにはいろいろな組み合わせが考えられるので、全部の組み合わせを試します。

　AからBへの制御なのか、BからAの制御なのかなど、この3つの遺伝子の間の組み合わせを全部試して、このデータを説明するのに一番

尤もらしい制御関係、つまり尤度の高い制御関係を探すのが、ベイズ推定を使ったネットワークの推定です。これは、ベイジアンネットワークとも呼ばれています。

あとは実験のデータです。これは共同研究を進めている農研機構の黄川田隆洋先生からいただいているものです。

結果的にネムリユスリカの1万7,000の遺伝子のうち、顕著にタンパク質の量が増えたり減ったりしたもので構成されるネットワークが得られました。

これは生き物の乾燥耐性という不思議なことが、どういう遺伝子の発現の順番で起きているのかというのを、世界で初めて明らかにした結果です。これは今まで報告事例がなくて、初めて成功したので、現在論文をどうまとめるか、黄川田先生と検討しているところです。

8．ネットワーク科学の今後

では次に、この先、私たちが何をやるのかということを話します。ここまででわかったことで、観測されたデータをうまく説明するネットワークというものを当てたわけです。これをソーシャルネットワークの話に置き換えると、うわさがすごく拡散しやすいとき、どういうつながりがあるからなのかを見つけたのと、ほぼ一緒です。しかし、それはあくまで、推定しているにすぎません。これが本当に真実なのかどうかは、実験をしないとわかりません。

今後の展望として、ちょうど昨日から山田貴大君がロシアに行っていますが、そこで共同研究としてどんな実験ができるのか、話し合っています。例えば、本当に私たちが予想したような遺伝子の関係があるのかを確かめる実験です。一番簡単なのは、まず最上流の転写因子だけをノックアウトして、乾燥耐性が失われるかということを確認します。そもそもこのネットワークが正しいのかどうかを確認するためです。正しい

としたら、この遺伝子がなくなってしまえば、その先の全部が失われ、乾燥耐性は持たなくなるので、一番簡単な実験です。乾燥後に水を与えても復活しなければ、最上流近くにこの遺伝子があることは正しいことが、実験的に検証できます。

　今の話は、私たちが本当に真実を見つけたのかを証明するためにやらなければいけないことですが、これが本当だということがわかったら、もっとすごいことができます。例えば、これは本気で考えていますが、カラカラに乾燥させても死なない生き物をつくることができるのではないかと考えています。ネムリユスリカはすごく珍しい生き物だから乾燥耐性を持っていますが、もし、この仕組みが明らかになった場合には、その遺伝子を全然違う生き物の DNA 上に入れることができます。これは遺伝子編集といって、ここ数年で遺伝子導入を効率よくできる方法が提案されてきていて、今ホットなトピックになっています。

　そういう方法を使って、ネムリユスリカで見つけた特別な遺伝子を他の生物、例えばペンギンに遺伝子導入して、このペンギンをカラカラにさせて、その後水を与えて復活みたいなことができたら、このペンギンは時を超えることができるかもしれないわけです。これは、ヒトでもいいわけです。例えば私にこういう乾燥耐性遺伝子を入れて、私がカラカラになったら、その後ロケットに乗せてもらって、300年後にどこかの星に着いたときに水をかけてもらうようにしておいたら、私はそこで300年の時間を超えることができるわけです。生き物を乾燥させて保存するということができると、普通は、人の寿命では絶対にたどり着けない未来にたどりつける、つまり時間の縛りというものを生き物は超えることができるのではないかと思います。今すぐにできるかできないのかは置いておいて、できたらすごいだろうな、という夢を持って私と山田君は研究を進めています。

昆虫の社会
協力と裏切りがうずまく組織

林　良信

　　　　　　　　　　　　　　　（はやし　よしのぶ）慶應義塾大学法学部生物学
　　　　　　　　　　　　　　　教室助教。1978年生まれ。茨城大学理工学研究科
　　　　　　　　　　　　　　　環境機能科学専攻博士後期課程修了。専門は、昆
　　　　　　　　　　　　　　　虫社会学、進化ゲノム学。著作に『シロアリの事
　　　　　　　　　　　　　　　典』（海青社、2012年、共著）などがある。

はじめに

　慶應義塾大学法学部生物学教室の林良信と申します。よろしくお願いします。今日は「昆虫の社会」がテーマです。私は、社会を作る昆虫（社会性昆虫）の研究を15年以上続けていますが、研究を始めたときから今も変わらず、「社会性昆虫はとても面白い生き物だな」と思っています。今日はその面白さが皆さんにも伝わればいいなと思っています。

1．「社会をつくる生物」の概要

　地球上には非常にさまざまな生物が存在します。これまで文献に記載されている既知種だけでも、約175万種が存在します。これらのうち、多くのものは単独で生きています。例えば昆虫のチョウは、親が植物上に卵を産み、そのままどこかに行ってしまいます。卵から孵化した子供は、親の顔も知らずに1人で育っていきます。このように単独で生きる生物がいる一方で、社会をつくる生物もいます。今日は社会をつくる生物に注目して、それらがどのような社会をつくっているのか、なぜ社会をつくるのかということについて考えていきたいと思います。

社会をつくる生物は、非常にたくさん存在しますが、これらの生物を紹介する前に、まず「社会」という言葉の定義をしておきたいと思います。生物学的には、「社会」は「同種の個体が相互の個体認知に基づく相互作用を繁殖期に限らず持続する集団」と定義されます。個体認知とは、ある個体を他の個体と区別することで、例えば、同じグループの個体とそうでない個体を認識することです。相互作用とは、例えば、餌を分け与えるとか、敵が近づいたら鳴き声をあげて仲間に知らせたりするなど、他個体に何らかの影響を与えるようなものです。他個体に影響を与える手段としては、行動や鳴き声、におい物質（フェロモン）など、さまざまです。

　このように定義すると、実にたくさんの生物が社会を形成していると考えられます。例えば、鳥類でも共同繁殖集団と呼ばれる社会を形成する種が多くいますし、シマウマやチンパンジー、深海に住むテッポウエビ、一部のダニも社会をつくります。また、アメーバの一種で単細胞生物である、細胞性粘菌も多くの個体（細胞）が集まって社会を形成します。そのほかにも、バクテリアからヒトに至るまで、実にさまざまな生物が社会をつくることがわかっています。

　このように、社会をつくる生物は非常にたくさんいますが、その中でも社会性昆虫は特に興味深い生物です。社会性昆虫としては、ミツバチやスズメバチ、アリ、シロアリなどが有名です。これらの生き物は、社会性生物の中でも特に複雑で巨大な社会をつくります。

　これらの社会性昆虫の特徴として、第一に分業をすることが挙げられます。例えばシロアリの場合、膨らんでいる女王のおなかの中には、卵がぎっしり詰まっています（写真1）。女王は、ひたすら卵を産み続ける「産卵マシン」のようなもので、産卵以外の仕事はしません。その一方で、働きアリ（ワーカー）は繁殖を行いません。繁殖は女王や王に任せて、ワーカーたちは餌を採ってきたり、女王が産んだ卵の世話をした

写真1　タイワンシロアリ（北條優氏より提供）

りするなど、さまざまな労働をこなしています。このようにシロアリは社会をつくり、女王・王やワーカーなどが分業を行っています。

　アリでも興味深い分業が見られます。例えばミツツボアリでは、お腹が丸く大きく膨らんでいる個体がいます。これらの個体はお腹にたくさんの蜜をため込んでいるために、お腹が膨らんでいます。それら以外の働きアリが巣の外から花の蜜を採ってきて、巣内のアリに蜜を渡しているのです。ミツツボアリでは、このように蜜をためる係、蜜を採ってくる係というような分業も行われています。

　社会性昆虫は、社会性という特徴だけでなく、ほかにも、他生物との共生や生態系での役割などにおいて非常に面白い特徴をたくさん持っているのですが、今日は社会性に注目してこれらの昆虫の話を進めていきたいと思います。

　講義の概要ですが、まず、「社会性昆虫はどのような社会をつくっているのか」を見ていきたいと思います。その次に、「それらはなぜ社会をつくるのか」ということについて解説します。それを理解するには、

生物進化のメカニズムを知る必要がありますので、それも説明したいと思います。

その次に、昆虫社会の中における利害対立や裏切りについて説明します。そして、裏切りに対して、どのような対策が行われているのかお話したいと思います。

本題に入る前に、どのような社会性昆虫がいるのかご紹介します。実は社会性昆虫はとてもたくさんいます。代表的なものでは、ハチの仲間であるミツバチやスズメバチ、アシナガバチ、アリが社会をつくります。それからゴキブリの仲間では、子育てをするキゴキブリや、複雑で巨大な社会をつくるシロアリが知られています。実は、シロアリはアリの仲間ではなく、ゴキブリの仲間です。それから、カメムシの仲間であるアブラムシの一部やオーストラリアにいる甲虫のナガキクイムシも社会性をつくるということが知られています。

これら以外にも実にたくさんの社会性昆虫は存在しますが、今日は特にミツバチとアリ、シロアリに注目したいと思います。これらは真社会性昆虫と呼ばれ、①親世代と子世代が巣内で同居する、②子世代も育児に参加する、③繁殖に関する分業を行う（繁殖をする個体としない個体がいる場合や、繁殖に関して個体間での序列がある場合など）、という真社会性の３つの条件を満たす昆虫です。古くから、これらの昆虫はとても注目されて詳細に研究されており、いろいろなことがわかっています。

２．社会的昆虫はどのような社会を作っているのか

では最初に「社会性昆虫はどのような社会をつくっているのか」についてご説明いたします。社会性昆虫というのは、社会をつくる生き物の中でも非常に巨大で複雑であり、かつ生産性の高い社会をつくるということで知られています。アリやシロアリでは、１つの集団（コロニー）

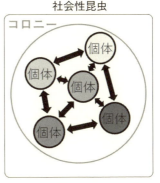

単独性昆虫は個体がばらばらに存在しているのに対し、社会性昆虫は個体間の「相互作用」(矢印で関係を示す)と「機能性分化」(色の濃淡で機能の違いを示す)によって個体同士が緊密な関係を構築している。

図1　単独性昆虫と社会性昆虫における個体間の関係性の模式図

は数百万個体に達することもあります。コロニー内の個体は分業を行い、コロニー全体の生産性や仕事効率を高めています。個体同士はお互いにコミュニケーションをとって、巣内での連携を維持しています。

　シロアリを例に、分業について少し詳しく説明します。シロアリでは、女王や王、ワーカー、ソルジャー（兵隊アリ）などによる分業が行われています。女王と王は繁殖活動に専念します。ワーカーは繁殖をせずに採餌、給餌、育仔、巣の構築など、いろいろな仕事を行っています。ソルジャーも繁殖はせずに防衛に専念し、敵が来たら戦います。多くのシロアリでは、ソルジャーの口（正確には、大顎とよばれる部位）は長く伸びていて、敵に噛みついて攻撃するのに適した形になっています。しかし、大顎が伸びているせいで、自分で餌をかじりとることができません。そこでソルジャーは、ワーカーから口移しで餌を食べさせてもらっているのです。ソルジャーだけでなく、女王も王もワーカーも、分業化が進んだ結果、ほかの個体がいないと生きていけないような状態になっ

ています。

　昆虫の社会を模式的に示すと図1のようになります。社会性昆虫は、個体同士が緊密な相互作用をしながら、1つの集団を形成して生きています。社会は異なる機能を果たす個体の集合体で、さまざまな個体が集合することで初めて、繁殖や採餌などの生物の存続に必要な機能がすべて揃います。つまり、社会性昆虫は、多数の個体が緊密な相互作用によって機能的に統合・調和することで、1つの社会があたかも1つの個体であるかのように振る舞っているのです。それゆえ、社会性昆虫の1つの社会は「超個体」と呼ばれることがあります。例えば、ヒトは生殖器官や消化器官など、いろいろな臓器が統合されて1つの個体になっていますが、シロアリでは女王や王が生殖器官、ワーカーが消化器官というように多くの個体が統合されて1つのコロニーが形成されているのです。このように、ヒトのような多細胞生物の一個体と、シロアリのような社会性昆虫の一コロニーが同じようなものであるというたとえで超個体という言葉が使われています。

　超個体と呼ばれる社会性昆虫のコロニーでは、みんなが協力する社会をつくりあげています。協力することによって、一個体では到底成し得ないようなことも、軽々とやってのけます。例えばグンタイアリの仲間では、巣の外での移動中に1個体では飛び越すことのできない大きな隙間（枝と枝の間とか、岩と岩の間などの隙間）があるときに、多くの個体が集まって互いに体を摑み合い、その隙間を埋めるように自分たちの体で橋をつくります。その上を別の個体が歩いて、大きな隙間を越えてさらに遠くに移動することができるのです。ツムギアリ（写真2）は、協力によって樹上の葉を上手に利用して立派な巣をつくります。葉っぱの上にいるツムギアリのワーカーは他の個体の体を口（大顎）で咥え、咥えられた個体はさらに別の個体を咥えます。何個体もつながることで、付近にある別の葉を引っ張り、葉と葉を近づけます。そうすると、別の

写真2　ツムギアリ

ワーカーが巣にいる幼虫を咥えて葉と葉が接近した部分に連れてきて、幼虫に糸を吐き出させ、その糸で葉と葉を紡ぐように接着します。これを繰り返して、たくさんの葉を接着していくことで、球状の立派な巣を作るのです。

　オオキノコシロアリの一部の種でも、興味深い協力行動が見られます。これらのシロアリは、餌である枯れ草を集めるために巣の外に出るとき、働きアリの行列の両端に兵隊アリが並び、巣仲間の防衛をします。集団で行動するからこそ、餌の採集と防衛という2つのことを同時に行うことが可能になるのです。

　テングシロアリの仲間であるセイドウ（聖堂）シロアリは、ヨーロッパで見られる聖堂のような、非常に巨大な巣をつくります（写真3）。たかだか3、4ミリメートルのシロアリが、最大で6メートル以上にもなるような巣をつくります。小さな虫がこのような大きな巣をつくるのは、1個体だけでは当然無理で、たくさんの個体が協力することによって成し遂げているわけです。

　ちなみに、シロアリの巣の内部は非常に機能的にできています。

写真3　セイドウシロアリのアリ塚

　例えばキノコシロアリは、巣の中に菌園と呼ばれるキノコ栽培用の畑のようなものがあって、そこで育ったキノコを餌として食べます。それから、巣内の空気循環がよくなるように坑道をつくり、シロアリにとって常に適した空気を維持できるようになっていると言われています。また、サバンナに生息するある種のシロアリでは、巣の下の方にヒダ状の構造をつくります。表面積の大きなこの構造によって、多くの水分が蒸発します。水が蒸発すると気化熱が奪われて、巣内の温度が下がります。このように温度調整も巧みに行っているのです。

それから、社会性昆虫の中には、たとえ死んでも仲間を守るという究極の利他行動を示すものがいます。例えばミツバチのワーカーです。ワーカーが敵の攻撃に使う針には返しが付いており、敵を刺すと抜けないようになっています。針は内臓とつながっており、ワーカーは敵を刺すと、針と一緒に内蔵も体の外に出てしまうので、多くの場合死んでしまいます。シロアリには、敵が来たときに自爆をするものがいます。別の巣同士のシロアリがけんかをするときなど、背中がぷくっと膨れて破裂します。すると、粘性のある液体が出て、それによって敵を動けなくします。このような命がけの利他行動は、多くの外敵がいる環境で効率的に多くの仲間を守ることで、社会全体の生産性を高めることに役立っていると考えられます。

　ほかにも集団の成せる技があります。アリでは、集団行動によって餌場までの最短ルートを発見できることが知られています。ある個体が巣外で餌を探してふらふらと歩いていて、ある場所で餌を見つけたとします。また、別の個体も別のルートで同じ餌を見つけたとします。それぞれのアリは、巣穴の位置を太陽の方向などでだいたい覚えていて、真っすぐ巣穴に帰ってきます。それぞれのアリが図2に示したように異なるルートで餌から巣穴まで帰ってきますが、その際にアリは道標としてフェロモンを地面に付けていきます（そのフェロモンは、揮発性で時間が経つと蒸発して地面からはなくなります）。餌の発見者とは別の個体は、巣穴から出るとそのフェロモンをたどって餌のところへ向かいます。ルートAの方がルートBよりも距離が長いとします。距離が短い方が時間当たりの通行個体の数は多くなりますので、フェロモンが蒸発することを勘案すると、フェロモン濃度は近道であるルートBの方がルートAより濃くなります。最初は選ばれるルートがランダムだったとしても、自然とルートBの方がフェロモン濃度が濃くなるので、新しく巣穴から出てきた個体は、フェロモン濃度が高いルートBを選びやすくなる

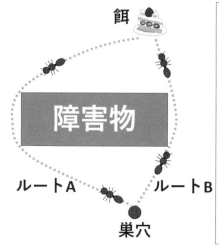

図2　餌までの最短ルート探索

わけです。したがって、最終的には短いルートBだけが使われるようになります。

　今ご紹介したアリのケースでは、個々のアリはより濃いフェロモンをたどるというような単純なことしかやっていませんが、多数の個体が集まることによって、最短ルートを見つけることができるようになっています。

　このように、社会性昆虫は、1個体では成し得ないことを協力によって成し遂げ、極めて高い生産性・労働効率を実現しています。1匹1匹の昆虫は非常に単純な生き物です。しかし、その単純な生き物が2匹、3匹と集まることによって、全体としてとても難しいことをやってのけ、極めて高い生産性を実現するのです。このように「個体が有する生産性・性質の単純な総和にとどまらない性質が、全体として現れる」ことは、物理学の用語で「創発」と言います。社会性昆虫の集団は創発現象の好例です。そして社会性昆虫は、その高い生産性のために非常に繁栄

してきました。特に陸上の、熱帯や亜熱帯生態系においては、アリやシロアリというのは、現存量の最も多い生物になっています。

3．生物進化のメカニズムである「自然選択」について

では、なぜ一部の昆虫は「社会」をつくるのでしょうか。それは、社会を形成して個体同士が協力することによって、個体の得る利益が単独で生活するときより大きくなるからです。ここで「利益」という言葉を使いましたが、「生物にとって利益とは何なのか」について、ご説明しましょう。これがわからないと、「なぜ社会をつくるのか」ということをきちんと理解することができません。

「利益」を説明するためには生物進化のメカニズムである「自然選択」を知る必要があるので、少し社会性昆虫の話からそれて、自然選択について説明したいと思います。自然選択は生物進化のメカニズムの1つで、生物の環境への適応を説明する唯一の理論です。

自然選択は、チャールズ・ダーウィンが1859年に『種の起源』の中で提唱した説です。次に述べる3つの条件を満たしたとき、すなわち自然選択が生じたとき、生物の性質（からだの形や色、生理学的な性質など）は、環境（ここでは、気温などの物理的要因だけでなく、生物種同士の相互作用といった生物的要因なども環境に含まれます）により良く適応するように世代を経て進化すると予測されます。その3つの条件のうちの1つ目は「個体変異」です。これは「生物の個体には、同じ種でもある性質には違い（変異）が見られる」ということです。例えば、同じ種のハトでも羽の色が黒っぽい個体や白っぽい個体がいて、羽の色に関して「黒っぽい」とか「白っぽい」といった変異があります。2つ目は「選択」で、「変異のある個体間で、生存確率や次世代に残せる子の数に差がある」ことを言います。これは、例えば、黒っぽいハトは白っぽいハトより、天敵から見つかりにくく生存率が高いために子孫をより

多く残せる、というようなことです。3つ目が「遺伝」で、「その変異が、親から子へ伝えられる」ことを言います。ハトの例では、黒っぽいハトの子は黒っぽくなり、白っぽいハトの子は白っぽくなる、ということです。この3つの条件が揃うと、自然選択が自動的に起こります。天敵が多くいるという環境において、白いハトは淘汰され、黒いハトは生き残り、世代を経ると黒い個体が多くなります。さらに敵に見つかりにくいような羽色を持つ個体が突然変異で生じれば、そのような個体が世代を経て多くなると予測されます。

　別の例で、もう一度自然選択を説明したいと思います。キリンの首の長さについて考えます。まず自然選択の1つ目の条件は「個体変異」ですが、この例ではキリンの首の長さは個体によって異なるとします。つまり、首の長い個体と短い個体がいるということです。2番目の条件は「選択」です。首の短いキリンは、高いところの葉っぱに届かないので、餌を十分食べることができなくて子を残す前に死んでしまうとか、餌が不十分なために子をたくさん残すことができないといったことが、首の長いキリンよりも多く起こるでしょう。これが、「選択」に当たります。つまり、首の長さというものが、個体の生存率や子供の数に影響するわけです。こうした中、首の長いキリンが生き残り、それらの「首が長い」という性質が親から子へと遺伝します。この「遺伝」が3つ目の条件に当たるわけです。このように、首の長いキリンがより多く生き残り、より多くの子を残すために、遺伝によって次世代ではより多くの首の長いキリンが出現することになります。何世代ものあいだ、このような自然選択が起こっているとキリンの首はかつて存在していた祖先のキリンよりもずっと長くなるのです。「自然選択」の概要がおわかりいただけたでしょうか。

　自然選択を一言で言うと、「生存に有利で、自分の子をより多く残す性質が、世代を経て生物集団中に広まる」ということです。すでにご理

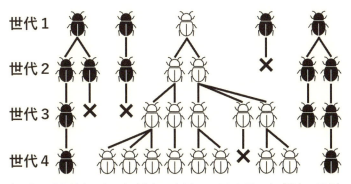

食べ物の消化効率が良い虫(白色で示す)は、それが悪い虫(黒色で示す)よりも生存率も多く産める子供の数も多いとすると、世代を経るごとに白色の虫が相対的に多くなっていく。黒い線は親子関係を意味し、"×"印は子孫を残せなかったことを意味する。

図3　自然選択による進化の過程

解いただいたと思いますが、もう1つ例を出して説明してみましょう。図3には、白色の虫と、黒色の虫がいます。これらは同じ種ですが、白色の虫は食べ物の消化効率がよく、黒色の虫は消化効率が悪いという「個体変異」があったと仮定します。なお、これらの昆虫の体色は消化効率という図で示しづらい個体変異を説明するために塗り分けただけなので、体色自体が生存や子孫の数に影響するものではないと考えてください。食べ物の消化効率がいいと、たくさんの栄養を体の中に取り込めますから、なかなか死ななかったり、あるいは子供をたくさん産めたりします。そうすると、世代が経過するごとに消化効率のよい(白色の)虫の割合が増えていくわけです。このように、自然選択の結果として消化効率のよい(白色の)虫が繁栄し、消化効率の悪い(黒色の)虫が絶滅していきます。

このように、繁殖するまで生き残り、最終的にたくさんの子を残すことが自然界での繁栄につながるのです。つまり、自然選択の考えのもと

では、生物個体にとっての利益とは「自分の子をより多く残すこと」だと言えます。

4．「血縁選択説」が解き明かしたもの

　ここで社会性昆虫の話に戻ります。社会性昆虫には、繁殖をしない個体がいるという話をしました。ワーカーやソルジャーは子供を産みません。これらのような、「子供を産まない」という性質を持つ個体は、その性質を次世代に受け継ぐことはできずに、絶滅すると考えられます。自然選択の考え方においては「繁殖しない」という性質は進化しえない、ということになります。実は、自然選択説を考え出したダーウィンも、この社会性昆虫のワーカーやソルジャーなどの不妊個体にはたいへん悩まされたようで、社会性昆虫の不妊個体の存在は自然選択説にとって致命的なものであると『種の起源』の中で述べています。

　なぜ繁殖しない個体が存在しうるのか、この謎はなかなか解けませんでした。しかし、種の起源の出版から100年以上たった1964年、ウイリアム・ドナルド・ハミルトンという生物学者がその謎を解きました。ハミルトンの主張は、「残すべきは子というよりも遺伝子であり、血縁者を介して間接的に自分の遺伝子を残すことができる」というものです。つまり、自分と同じ遺伝子を持つ血縁者の繁殖を助けることによって自分の遺伝子を間接的に残すことができるため、血縁者の繁殖を助けるために自身の繁殖の機会を捨てるという性質は、進化しうるのです。

　昆虫の社会は、基本的に家族の集団です。シロアリの場合は、社会の中には女王と王、そして、繁殖をしないワーカーやソルジャーがいます。ワーカーやソルジャーは、すべて女王と王から生まれた子であり、親や将来繁殖虫（女王・王）になるきょうだいという血縁者を助けることによって、自分の遺伝子も残しているわけです。ハミルトンが唱えたこの説は「血縁選択」と呼ばれています。これによって、社会性昆虫の子供

を産まないワーカーやソルジャーの存在が説明できるようになったのです。

　話は少しそれますが、血縁選択にまつわるお話を1つさせていただきます。ハミルトンは、数学的な手法によって血縁選択説を科学的理論として示すことに成功し、極めて大きな功績を上げました。しかし一方で、実はジョン・バードン・サンダースン・ホールデンという人が、ハミルトンに先んじて、血縁選択説の核心を突くような内容を考えていたようです。このホールデンには有名な逸話があります。ホールデンは、パブの片隅で封筒の裏面を使って何やら計算をして、「2人の兄弟、8人のいとこのためなら、私は喜んで命を差し出すだろう」と叫んだと言われています。これは要するに、「血縁者を介して、自分の遺伝子を残すことができる」ということを言っているわけで、まさに血縁選択説の核心の部分にまで到達していることがわかる発言です。

　血縁選択の説明に戻ります。ここで血縁選択の重要な部分である、「血縁の近さ」についても簡単に説明したいと思います。血縁の近さは、「血縁度」とよばれる指標で数値として表されます。血縁度は、「個体Aと個体Bが、それらの共通祖先が持っていた、ある遺伝子を共有する確率」と定義されます。血縁度は、遺伝的にどのくらい近縁かを示すものであり、個体間で遺伝子を共有する確率として計算されるのです。遺伝的に同一の個体であるクローン同士の場合、血縁度は1になります。

　では、親子の間の血縁度はどうでしょうか。例えば、お父さん、お母さんと、その子供が2人いる家族を考えます。ヒトの場合、子供は父親の遺伝子の半分を持った精子と母親の遺伝子の半分を持った卵子の融合によって生まれます。そのため、父親と子供はお互いに全遺伝子のうち半分を共有しています。つまり、それらの間の血縁度は0.5になります。母親と子供の間の血縁度も同じように0.5になります。

　きょうだい間の血縁度も考えてみます。それぞれのきょうだいは、父

親のもつ遺伝子の半分を受け継ぎます。このとき、それぞれのきょうだいが父親から受け継ぐ遺伝子のセットは全く同じではありません。きょうだい間では父親から2分の1の確率で同じ遺伝子を、2分の1の確率で異なる遺伝子を受け継ぎます。つまり、子供は、自身の全遺伝子の半分は父親由来であり、そのうちの半分はきょうだいと同じ遺伝子を共有するのです。これを数字を用いて表現すると、きょうだいは父親を介して同じ遺伝子を共有する確率が0.25である、という言い方になります。それから、きょうだいは母親を介して同じ遺伝子を共有します。この確率も父親のケースと同様で、0.25です。きょうだい間では父親由来・母親由来の遺伝子をそれぞれ0.25の確率で共有しますので、0.25 + 0.25 = 0.5となり、これがきょうだい間の血縁度になります。

　血縁度を考えると、先ほどのホールデンの言ったことがもっとよくわかります。きょうだい間の血縁度は0.5であり、きょうだいが2人いれば、「0.5＋0.5」で1になり、遺伝的には自分と等価と見なせます。一方、自分といとこの間の血縁度は0.125なので、いとこの場合は8人いなければ自分と等価にはなりません。このように血縁選択においては、自分の遺伝子を残すためには血縁の近さが非常に重要だということがわかります。ホールデンはそのことにも気づいていたようです。

　少し話はそれましたが、最初のテーマであった「昆虫はなぜ社会をつくるのか」に話を戻しましょう。社会をつくる理由として、まず、「協力によって、社会全体の生産性が高まる」という点が重要です。そして「自分自身が子を残すことができなくても、血縁者を介して間接的に自分の遺伝子を残すことができる」という点も重要です。まとめると、「昆虫はなぜ社会をつくるのか」という問いに対する回答は、「社会をつくることで単独で生活するときよりも多くの遺伝子を残すことができるためである」と考えることができます。

5．昆虫の社会における利害対立

　さて、これまでは、社会性昆虫の社会においてはみんなが協力している、という話をしてきましたが、次に、社会の中で個体間の利害対立はあるのかを考えてみたいと思います。

　講義の前半で、「社会性昆虫のコロニーは超個体である」とお話ししました。これは、社会性昆虫の一コロニーは、たくさんの個体の緊密な相互作用によってコロニー全体が調和的な挙動を示し、あたかも多細胞生物の一個体のように振る舞う、ということでした。しかし、個体と超個体には大きく異なる点があります。多細胞生物の一個体は、たくさんの細胞で構成されていますが、それらの細胞は遺伝子が全く同一のクローンです。ところが、社会性昆虫のコロニー内の個体は遺伝的には少しずつ違います。血縁者ではあるけれども、クローンではありません。そして、この遺伝的な違いによって、実は個体間で利害対立も生じうることがわかっています。

　その一例として、ミツバチのワーカー間での利害対立が挙げられます。ミツバチの女王は非常に多くの雄と交尾をします。平均で17個体の雄と交尾するという報告があります。また、ミツバチの場合、受精卵は雌の子になり、この雌の子がワーカーや女王になります。一方、未受精卵は、雄の子になるという変わった性質があります。そして、ミツバチのワーカーは交尾できませんが、未受精卵を産むことはできるという性質があります。

　このような性質を持つミツバチにおいて、ワーカー間の利害対立について考えてみましょう。ワーカーAとその異父姉妹のワーカーB・Cがいるとします。そして、ワーカーA・B・Cがそれぞれ、未受精卵である雄の卵を産んだとします。

　ワーカーAから見た各個体の血縁度を計算してみると、女王が産んだ雄の子については血縁度は平均で0.25になります（図4）。それに対し

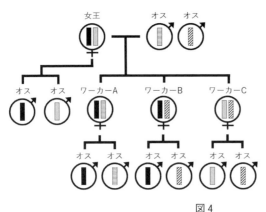

図4

て、自分が産む雄の子は0.5、ワーカーB・Cが産む雄の子は平均で0.125と計算されます。このように、自分が産んだ雄の方が、女王が産んだ雄よりも血縁度が高くなり、「雄については、自分で産んだ方がより自分の遺伝子を多く残せる」ということになります。さらに、ワーカーAから見ると、ワーカーBが産む雄は非常に血縁度が低くて、「ワーカーBが産んだ雄の卵は育てる価値は低い」ということになります。同様に、ワーカーBから見ると、ワーカーAの産んだ雄の子は血縁度が低く（0.125）、育てる価値は低いと言えます。このように血縁度の観点から、雄の子については「自分では産みたいが、ほかのワーカーが産むのは許したくない」という利害対立があるのです。

利害対立があることはわかりましたが、では、その結果どのようなことが起こるのでしょうか。この利害対立のもとでは、各ワーカーは他の巣仲間を出し抜いて、自分だけは雄の子を産もうとするでしょう。ある研究論文によれば、遺伝子解析による親子鑑定をしたところ、実際にワーカーが雄の子を産んでいるという証拠も見つかっています。ただ、この例のようにワーカー産卵が行われていることは例外的であり、基本的

には、ミツバチの巣の中ではワーカーが産んだ卵はほとんど存在しません。つまり、雄の子の生産に関する潜在的な利害対立はあるものの、その対立は実は表面化されていないのです。

　なぜミツバチの巣にはワーカーの雄の子がいないのでしょうか。それは、ミツバチの巣の中では、「裏切り対策」というものがあるからなのです。どのような対策かと言いますと、「ワーカー間の相互監視」などと言われていますが、ほかのワーカーが産んだ雄卵の血縁度は0.125と低く育てる価値が低いので、ワーカーはその雄卵を除去してしまいます。これをワーカーみんなが互いに行うので、ワーカーの卵は残らないという結果になるわけです。一方で女王の産んだ雄の卵は、ほかのワーカーが産んだ雄卵よりは血縁度が高いので、妥協的に除去されずに残されます。過去に行われた実験では、ワーカーが産んだ雄卵は、時間が経つとどんどんなくなっていくのに対して、女王が産んだ雄卵はずっと残っているという結果が得られています。女王の雄卵は特別なフェロモンが付けられていて、その匂いによってワーカーが産んだ卵と区別されるため、ワーカーが産んだ卵だけが除去されています。

　こうした相互監視の背景には、ワーカーの産んだ卵を残しておくと巣全体の生産性が低下してしまう、という問題があります。直接的な原因はよくわかっていませんが、おそらくワーカーが卵をたくさん産むとその世話に時間と労力が取られてしまい、それ以外の仕事のバランスが崩れることによって、生産性が低下してしまうという可能性が考えられます。そして巣の生産性が低下すると、コロニー間の競争に敗れてしまいます。ワーカーが卵を産むことを許してしまうような巣は、コロニー間の競争に敗れてしまい、絶滅していくのです。

　利己的な振る舞いの事例として、沖縄に生息しているトゲオオハリアリの一種のワーカーも挙げられます。トゲオオハリアリでは、ワーカーが自分で子供を産もうとして、自分の卵巣を発達させる場合があります。

ところが卵巣を発達させると、巣仲間に攻撃されてしまいます。こういう罰則を与えることによって、利己的な裏切り行為が起こらないような社会システムができ上がっているわけです。

　アミメアリのケースもご紹介しましょう。このアリでも裏切り個体が出ることが知られています。アミメアリは少し変わっていて、巣の中の全員が働き、全員が産卵するという習性を持っています。日本に広く分布していますが、一部の地域では巣内に働かずに産卵だけする裏切り個体がいる場合があります。この裏切り個体は、少し体のサイズが大きく、ただ卵を産むだけで働かず、ほかの個体が採ってきた餌を食べ、子供の世話はほかの個体に任せています。個体間の協力システムに「ただ乗り」しているわけです。こういう裏切り個体がはびこると、社会全体がつぶれてしまいます。だからアミメアリの将来が心配で、こういう裏切り個体ばかりになってしまうと、アミメアリ全体が絶滅してしまうことも考えられるわけです。

　このように昆虫の社会には「個体間の競争」と「コロニー間の競争」という２つの競争があり、それらのバランスが利害対立の表面化や監視・罰則行動の進化に影響すると考えることができます。コロニー内には利害対立（個体間の競争）があり、その中で自分の遺伝子をより多く残す裏切り個体が進化的に繁栄するはずですが、裏切り行為によってコロニー全体の生産性が低下してコロニー間の競争に負ける場合、運命共同体である巣仲間による裏切り対策が重要になります。裏切り対策の進化によって、コロニーの生産性が高まり、コロニー間の競争に勝てるようになるからです。

６．利害対立を抑制するシステム

　一部の社会性昆虫では裏切りが生じていることをお話しましたが、そ

れが生じない昆虫社会もあるのではないかと考えられます。例えば、「利己的行動の自主規制」というものが理論的に予測されています。生殖器官は持っているけれども自主規制によって繁殖しない、という場合です。なぜ自主規制をするかというと、自分が勝手な行動をすることによって、コロニー間の競争に負けてしまい、結局自身の遺伝子を残すことができなくなるからです。

「生殖器官の完全な退化」によって、裏切りが生じないケースも考えられます。分業が非常に発達した種では、ワーカーの生殖器官が完全に退化してしまう場合があります。この場合は、繁殖能力を完全に失っているので、裏切って繁殖することはありません。

また、次に挙げるのはまだ確かな説ではないのですが、「遺伝的なカースト運命決定」という考え方があります。社会性昆虫の場合、基本的には卵から生まれた直後は、将来生殖虫になるのか、ワーカーになるのかというカースト運命はまだ決まっていません。卵からふ化したあと、育っていく過程で、餌の質や量、あるいはほかの個体から受け取るフェロモンなど、さまざまな環境条件によって、生殖虫になるのか、ワーカーになるのかが決まります。しかし、社会的昆虫の一部には、カースト運命が遺伝的に決まる種がいます。

仮に、若い幼虫のときにもらう餌の量が多いと将来生殖虫に、少ないとワーカーになるとします。若い幼虫にとって、自分が繁殖虫になった方が利益が多くなるケースのときには、それらはたくさん餌をもらうような行動に出ることが予想されます。しかし、みんなそうして餌を要求するようになると、餌がたくさん必要になりますし、餌の配分も幼虫に偏ってしまい、他の個体に行き渡らないかもしれません。多くの個体が繁殖虫になったら、ワーカーの個体数が相対的に減って労働力不足になり、最悪の場合、コロニー内の全個体が共倒れになってしまいます。

一方で、若虫のときに食べる餌の量ではなく、生まれたときから遺伝

的に生殖虫やワーカーになることが決められていれば、幼虫の過剰な餌要求も起こらず、コロニーは適正な労働効率や高い生産性を維持できるでしょう。このように遺伝的に生殖虫とワーカーの数の配分が適切に行う仕組みがあれば、余計な対立や競争は生じないかもしれません。

では、最後に今日の講義をまとめてみましょう。社会性昆虫は協調的な社会を形成し、極めて高い生産性を実現します。繁殖を放棄した不妊個体も、血縁者を介して自分の遺伝子を残すことができるということも、今日の重要なポイントです。それから、コロニー内の個体間で潜在的に利害対立は存在しています。そして、個体間の競争とコロニー間の競争の圧力バランスが、利害対立の表面化や裏切り対策の進化に影響するということが考えられます。

人類進化の群れ・集団・組織

河野礼子

（こうの れいこ）慶應義塾大学文学部准教授。東京大学理学系研究科生物科学専攻（人類学）博士課程修了、理学博士。国立科学博物館研究員を経て現職。専門は人類進化学、歯牙人類学、3次元デジタル形態学。監修書に『ドラえもん科学ワールド 人類進化の不思議』（小学館、2018年）など。

はじめに

　皆さんこんにちは。昨年の4月に慶應義塾大学文学部に着任した河野礼子です。専門は人類の進化で、もっぱら非常に古い時期の人類の化石の分析などをしてきました。このごろは、私にとってはつい最近と言える2万年前ぐらいの、日本の古い人骨の研究などもしています。

　今日はテーマが「組織」についてということで、人類の進化と組織というものの関係をお話しします。と言っても、化石の研究からわかることはそんなに多くはありません。話としては組織までいかないかもしれませんが、人間社会の組織の萌芽ぐらいには触れたいと思います。

1．人類の進化を推論する方法

　組織とは何であるかというと、「共通の目標を持って、目標達成のために共に働いて、統制された複数の人々の行為やコミュニケーションによって構成されるシステムのこと」とウィキペディアにあります。

　ここでは人類進化の研究から、「どれぐらいの人数規模で生活していたか」程度のことが、どのくらいわかるか。そして組織というものが人

類の進化の過程のどの辺で現実的に登場してきたのだろうか、ということを考察します。

　化石をもとに人類の進化を研究するとき、化石を見てわかることと、見ただけでは全然わからないことがあります。今日のテーマで言うなら、「組織」は化石になりません。医学的な「組織」、すなわちヒストロジーなら、化石からでもあるレベルまでは調べられます。しかし社会学的な「組織」は化石にはなりません。また、「コミュニケーション」が化石になるかというと、これも無理です。

　しかし無理だからと言って、何もわからないまま済ませるわけにはいきません。遠回りをしてでも、少しずつ明らかにしようとするのが研究です。このように、化石にならないことを解明するための１つの方法として、「化石として残るものと残らないものとの対応関係を先に見つけておく」というやり方があります。そして化石に残らないものについては、生きているものの中から探すことになります。

　人類の進化に関する研究では、霊長類の生態を、人類の進化を解釈するベースにします。生きたモデルとして霊長類を見ると、行動上のある特徴が、体などの特徴と対応するケースがあります。体の特徴は化石になる可能性がありますので、化石を見て同じ特徴が見つけられたならば、化石にならない行動上の特徴も推測することができるわけです。こうした手法を使って、化石にならない部分を解明していきます。

　現生の霊長類の中で見ると、人体には３つの特徴があると言えます。一番重要なのは直立姿勢で２本足で歩くこと。２つ目は、犬歯が小さく、雄と雌のサイズの差がほとんど極小になっていること。３つ目は、脳が大きいことです。

　このような特徴を持つ人類は、いったいどのような進化の過程をたどってきたのでしょうか。詳しくお話する時間がないのでごく大ざっぱに言うと、順序としては先に二足歩行と犬歯の小型化が生じて、その後だ

いぶ遅れて脳の大型化が始まったと考えられています。いずれも、すぐに今の我々ぐらいになったという意味ではなく、そういう方向へ変わり始めた、という意味です。このようなところまでは、だいたいわかってきています。

2．多様性に富む霊長類の社会のタイプ

　そういう大ざっぱなことしかわからない進化の歴史を、生きている霊長類などの観察からわかったことと対比させます。そうすることによって、人間の組織、すなわち「集団」や「群れ」などと呼ばれる個体の集まりがどのようにできたのかを推測することができます。どんなことを推測できるのかについて、順次説明していきたいと思います。

　着眼点は大きく2つです。まず、群れの有り様が何かと関連していないかという点。2つ目は、集団のサイズが何かで推測できないかという点です。

　1点目については、サルの世界において、「どういう群れで暮らしているか」という点と、犬歯の大きさが関係していると言われています。そこから人類の群れ構造についても何かしら推測することができるはずです。2点目については、「脳の大きさ」と「集団のサイズ」が関連していると言われています。そこから人類の進化の過程で集団サイズがどう変わってきたかについて、何かが推測できるはずです。

　まずは前者です。人類進化の流れの中で先に起こったこととして、「犬歯が小さくなること」「直立二足歩行すること」がありました。それが何を意味するのかを考えるため、生きている霊長類を観察して、そこからわかることを見ていきましょう。

　個体の産まれる数や、誰が群を出ていくかなど、霊長類の社会構造は多様性に富んでいます。具体的には、雄と雌の数についてだけ見ても、いろいろな組み合わせがあります。どちらかが単独で暮らしている種が

表1　霊長類の集団の分類

	母系集団	父系集団	非単系集団
分散の様式	雄の分散	雌の分散	雌雄とも分散
雌雄とも単独	オオガラゴ		オランウータン
雄単独・雌集団	(オナガザル科)	なし	なし
雌単独・雄集団	なし	なし	なし
単雄単雌	なし	なし	テナガザル マーモセット科 インドリ
単雌単雄	オナガザル科 マンドリル ラングール属 アカホエザル		ゴリラ マーモセット科
(重層社会)	ケラダヒヒ	マントヒヒ ヒト	
複雄単雌			マーモセット科
複雄複雌	マカク アカコロブス ヒヒ属 サバンナモンキー オマキザル属 ワオキツネザル	チンパンジー属 クモザル亜科	 マントホエザル

(西田利貞『人間性はどこから来たか サル学からのアプローチ』〔京都大学学術出版会、2007年〕より)

あれば、雄雌1頭ずつのいわゆるつがいの生き方をする種もあるし、どちらも多数で暮らすケースもあります。また雄1頭に雌が複数という形もあるし、逆の形態も存在します。あまりなじみがないかもしれませんが、南米にいるサルのマーモセットでは、雌1頭に対して雄が複数いるという「逆ハーレム」のような群れも見られるそうです。単独で暮らすケースと雄も雌も複数で暮らすケースが両極です。例えばオランウータンなどは、雄も雌も比較的単独で行動しているそうです。一方、私たちのよく知るニホンザルは、雄も雌も複数いる群れで暮らしています。これらの中間に位置するのがゴリラなどで、雄1頭に複数の雌で群れをつ

くっています。このように様々な形があることがわかっています。

　これらを整理すると表1のようになります。例えば類人猿の仲間のテナガザルは、雄雌1頭ずつのつがいになります。ゴリラは今触れたように雄が1頭に雌が複数ですが、子供はたいていお母さんにくっついているので、実際には「雄1頭＋雌複数＋子供たち」の形になります。雄も雌も複数いる種類では、自分が育った群れに居続けて近親者ばかりになってしまうのを避けるため、大人になったら自然とどちらかの性が出ていく仕組みがあり、どちらが出ていくかは種によって違います。

　類人猿には大きく4つのグループがあり、それぞれが見事に異なります。先に述べたように、テナガザルはつがいとその子供、オランウータンは単独、ゴリラはハーレム。そして2種のチンパンジーは、いずれも雄雌とも複数の、いわゆる複雄複雌群で暮らしています。

3．それぞれに異なる4つの類人猿グループの社会

　ではそれぞれを、もう少し詳しく見ていきましょう。

　テナガザルはペア型で子供を連れていて、それぞれのペアが自分たちのなわばりを持っています。そして面白いことに、近隣のペアとは非常に仲が悪いようです。子供は雄であれ雌であれ大人になると出ていって、新しく自分のペアをつくります。

　オランウータンは、雄雌が一緒にいることはあまりなく、それぞれが単独で暮らしています。大人の雌とその子供が一緒にいるというのが唯一常時認められる組み合わせです。果物がたくさん実る時期に複数の個体が集合することはあるそうですが、普段は別々に行動し、散らばった食資源を探しています。

　ゴリラは典型的なハーレム社会で、雄1頭に複数頭の雌とその子供たちとで暮らしています。当然ながら大人の雄は余ってしまいますので、その雄たちは「はなれ雄」として単身で行動し、すきがあればほかの群

れの雌を奪ったりします。雌が古い群れの雄を見限って、新しい群れに移るようなことも起こるそうです。群れで育った子供はどうなるでしょうか。雄が1頭という構造なので、雄の子供は大人になると群れにいられなくなりますし、一方で雌の子供にとっては群れの雄は自分の父親しかいないのでやはり群れに居続けられない。つまり子供は性別にかかわらず大人になると結局出ていくしかありません。ゴリラの一番の好物は果物ですが、それが手に入らないときはほかのものを食べるなどして、あまり食べ物を深追いしません。群れを壊してまでおいしいものを食べに行くようなグルメ指向ではない、などとも言われます。

　チンパンジーは雄雌複数の群れで暮らしています。そして雄は同じ群れにずっといて、雌は大人になるとほかの群れに移ります。ちなみにニホンザルはその反対で、大人になって出ていくのは雄の方です。チンパンジーの群れでは、複数の雄と複数の雌がいる中で、雌と交尾する権利を巡って雄同士が争うわけです。雄たちには一応のランキングがあったりするのですが、ではランクの低い雄は繁殖の機会が全然ないかというと、そうでもなく、うまく交尾をするすべはあるようです。

　チンパンジーはグループの大きな枠組みの中で、いつ誰と一緒にいるかが流動的だということが知られています。大枠ではある程度の個体数の雄雌混ざった集団ですが、日々一緒にいる小グループ（パーティ）のメンバーは決まっていません。親子で行動するときもあれば、近い親戚などと行動していることもあります。果実が少ない時期には小さなパーティで行動し、逆に果実が豊富な時期には大きなパーティで行動するなど、食べ物の種類や分布状況などに応じて形が変わるようです。

　チンパンジーには、よく似ているけれどやや小柄で、生息域の異なるボノボという別種がいます。こちらも雄雌複数の群れで暮らし、雌が出ていく点なども同じですが、より平和を好み、雄同士の争いはあまりありません。雄が居座るので、その家族系統があるはずですが、つなが

りは強くなく、どちらかというと雌のつながりの方が強いとされています。また、あいさつのような独特な性的行為をする点でも、ユニークな生き物と言えます。

4．霊長類の社会構造を決める要因
　このようにいろいろな社会構成がありますが、これらは大きく分けて、3つの要因によって決まってくると言われています。

　まず大きな要因としては、敵から身を守るためには、ある程度の個体数がいた方がいいということです。たくさん個体がいれば近づく敵を見つけやすいし、襲われたときにほかの者が殺されても自分は助かるかもしれません。群れが大きいと捕食者に対しては都合のいい面が多いのです。一方、あまり群れが大きいと、限られた食物を奪い合うことになります。食べ物を手に入れるという観点からは、あまりにも大きな群れは不利になり得るわけで、いわばトレードオフの関係です。

　3つ目は、雄と雌では、繁殖行動で目指すものが違うという点です。一般に、雌は1度妊娠したら数年間はその子を産んで育てることに費やされます。ですから、ある期間に子供ができるチャンス、子供を産める回数には限りがあります。一方雄は、表現はともかく、相手を替えればチャンスは無限です。ただ自分で産むわけではないので、生まれたのが自分の子かどうかなかなかわかりません。チャンスはいっぱいあるけれども成果を確かめるすべはないので、とにかくチャンスをたくさん手に入れて、それを生かすように努力します。このような両性の戦略の違いは、例えば食べ物がどれぐらい集中して手に入る状況か、などとの関係でさらに変わってきます。食べ物が1か所にたくさんあるなら、雌はみんなそこにいたい。そこでそれを雄が守るというような形で、ゴリラのような群れの構造が成り立ちます。一方、食べ物が1か所にまとまっていなくてばらばらにある場合は、雌たちもばらばらに活動しようとする

ので、1頭の雄が複数の雌を支配下に置くことができません。その結果、雄も大勢いる群れになる、という具合です。

　ここでは深く追求しませんが、雄が自分の子でない可能性がある子を殺す、いわゆる「子殺し」という現象もあります。

　そのほか、雄雌どちらかが出ていかなければならないとき、どちらが出るのかを決める要因にもいろいろあるようですが、この説明はまたの機会にまわしましょう。

　今までの説明をまとめると、霊長類の社会は非常に多様性に富んでいて、いろいろな違いがあります。どういう構造になるかを決める要因としては、手に入る食べ物の量や分布と捕食者への対応があり、そのバランスを取っているのではないか。そしてそこに雄雌の繁殖戦略上の狙いの違いがかかわっているだろう、ということです。

5．犬歯の化石から群れ社会の構成を考察する

　では、いよいよ「群れの化石」にあたるものから、人類の社会はどうだったかを考えてみましょう。最初にも述べたように、その材料はあまり多くはありません。ただ群れの形と関係する可能性のあるものが1つだけ存在します。最初に出てきた3つの特徴のうちの1つである犬歯です。犬歯の大きさは、群れの構造と密接にかかわっていて、これをもとに人類の初期の社会に何があったかを推測することができます。

　図1は、上の右2つがチンパンジーの顎を横から見たものです。とがった大きな歯が犬歯で、特に雄では非常に大きくなっています。一方、雌の犬歯は、我々から見れば結構な大きさですが、雄に比べるとやや小さめです。つまり、チンパンジーでは、犬歯は大きく、性別による差がある、とのことです。

　下の右の2つはテナガザルですが、こちらは雄も雌も犬歯が大きく、あまり差がありません。それに対して下の左の2つのヒヒの仲間は、雄

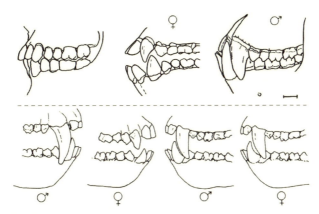

図1 霊長類の犬歯の大きさ。上段左はヒト、右二つはチンパンジー。下段左の二つはヒヒ、右の二つはテナガザル。1 cmのスケールは上段のみに対応。
(上段は河野原図、下段はR.ルーウィン著・保志宏訳『ここまでわかった人類の起源と進化』〔てらぺいあ、2002年〕から一部改変)

の犬歯が非常に大きく、性差も非常に大きいです。テナガザルが雄雌各1頭のいわゆるつがい構造、ペアで暮らしているのに対して、ヒヒの仲間はベースは雄1頭の単雄複雌群です。では、犬歯の大きさにはどういう意味があるのでしょう。雄の犬歯が大きい理由は食べ物では説明できません。食べるだけなら犬歯が大きくない方が都合がいいので、食べ物と犬歯の大きさには関係がありません。犬歯が大きいのはもっと別の理由によると考えられています。それは、雄同士が戦う場面で役に立っている、ということです。ただし、まともに犬歯で戦ったら、みんなすぐ傷ついて下手をしたら死んでしまいます。霊長類は基本的に、互いに口を大きく広げて、自分の犬歯の大きさを見せつける「ディスプレイ」という行為で犬歯を使います。本当にかむこともあるようですが、まずは見せ合い、威嚇し合う。それで、「この犬歯にはかなわない」と思ったら戦わずに撤退します。

では雌も犬歯が大きいのはなぜかというと、先ほども少し触れました

が、テナガザルは隣のペアとは仲が悪いのです。それで雄も雌も隣のペアと威嚇し合うために犬歯が大きいのではないかと言われています。一方、雄雌とも複数だと、雌を巡って雄が競合します。その際、犬歯が大きいほど有利に働くので、雄の犬歯が大きくなる方向に進化したのだと言われています。

6．社会構造と体の特徴の関連をデータで見る

　群れのあり方と犬歯の大きさなどが実際に関連しているというデータもあります。図2は、社会構造を3タイプに分け、これが3つの体の特徴とどういう関連を持っているのかを示したものです。社会構造の3タイプとは、①雌1頭＋雄1頭（または複数）（テナガザルなど）、②雄1頭＋複数雌（ゴリラなど）、③複数雄＋複数雌（チンパンジーなど）、3つの体の特徴とは、①体の大きさの性差、②犬歯の大きさの性差、③（相対的な）精巣の大きさ、です。

　「①体の大きさの性差」を見てみると、雄雌1頭ずつのつがい構造（あるいは雌1頭と複数雄）の種類では、体の大きさにほとんど差がありません。雄も雌も、同じ種類の生き物の別の性を巡って争う必要がないので、性別による差がないのです。それに対して、雄1頭のハーレム構造の社会では、雄が雌に比べて非常に大きいです。ゴリラなどがその典型です。そして雄雌とも複数の場合は、その中間ぐらいであることがわかります。

　では「②犬歯の大きさの性差」はどうかと言うと、先ほどテナガザルの例でも見たとおり、雄雌1頭ずつのつがい構造（あるいは雌1頭と複数雄）では大きな差がありません。それに対して雌が複数いる場合には、いずれにしても犬歯の性差が大きくなります。雄が1頭でも犬歯の性差が大きいのは、雄は群れの周辺にいるほかの雄とも戦わなければいけないからです。雄雌とも複数の種類では、群れの中の雄同士が雌をめぐっ

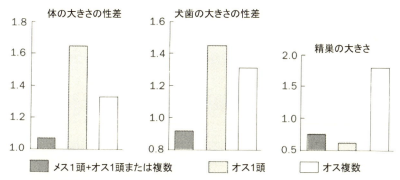

図2　群れ構造の違いによる体の大きさの性差などの変化。「オス1頭」「オス複数」はいずれもメスも複数の群れを指す。
(S. Jones et al. eds., *The Cambridge encyclopedia of human evolution* 〔Cambridge University Press, 1992〕より、一部改変)

て争うので、やはり性差が大きくなります。

「③精巣の大きさ」については、これは精巣が化石になれば非常に面白い根拠となるのですが、残念ながら化石にはなりません。したがってあくまで参考の話ですが、つがいとハーレム型では精巣がそれほど大きくないのに対し、雄雌とも複数のチンパンジー型では精巣は非常に大きいことが示されています。雄が雌を巡って競合したときには、犬歯の大きさなどで一応順位を付けます。しかしそれはそれとして、子孫繁栄のためにはとにかく交尾した方がいいわけです。そこでみんなせっせと交尾します。そして同じ交尾するなら成功率が高い方がいいということで、大きな精巣によって1回当たりの精子量の多い個体がより多くの子孫を残せるために、進化の過程で大きな精巣が選択されてきた、と解釈することができます。

7．人類がペア型の繁殖システムを取り入れた理由

さて冒頭に述べたように、人類は犬歯が小さくなり、かつ性差がなく

なりました。では、人類の犬歯がわりと早い段階で小さくなり始めたということは何を意味するのでしょうか。それは、ペア型の繁殖システムを取るようになったことを示唆していると考えられます。

ところで人類は同じころに直立二足歩行も始めていますが、アメリカのオーウェン・ラブジョイという人類学者が、このことも併せて説明する仮説を発表しています。この説の要になるのは、ペア型の繁殖システムにはいいことが1つあり、それは雄にとって自分の子供がはっきりわかるという点です。現代の人間ならDNA鑑定で誰の子供か知ることができます。しかしたくさんの個体が乱婚状態で交尾をする霊長類の社会では、生まれた子供が自分の子供かどうか、雄にはまったくわかりません。生まれた子供が自分の子供かどうかわからないのであれば、その子供を育てることに投資するよりも、次の子供をつくることに力を注いだ方がいいことになります。そこで、生まれた子供のことは無視して、さらなる交尾の機会をうかがうわけです。

これがペア型の社会では、基本的には雄にも自分の子供であることがわかります。そうすると、自分の遺伝子を受け継いだその子供が生き延びることが即、雄自身の繁殖の成功につながります。言い方を変えると、自分の子供に対してコミットすることが、自身の繁殖上の有利な戦略の1つとなり得るわけです。雄は自分の子供が生きのびられるように餌を持ってくる。自分の子供を産んでくれた雌に対しても、また次の子供を産んでくれるかもしれないので、食料を持ってくるのです。これで母子の生存率が上がれば、自分の繁殖の成功につながるわけです。このような展開の中で、食べ物を運ぶために二本足で立って歩くことが有利に働いたのではないか、というのがラブジョイの考えです。

ペア型になって自分の相手が決まってしまえば、雌を巡って雄同士が戦う必要がなくなります。たとえ横から奪いにくるようなことはあっても、常に戦い合っている必要はないので、犬歯が大きい必然性がなくな

る、と想定されるわけです。

　さらにこのペア型に至る前段階の条件として、人間において、発情期がはっきりしないということがあるのではないかと言われています。チンパンジーの雌は、発情期（排卵期）にはお尻が腫れるので、外から見てもすぐわかります。しかし人間の女性ではそういうことはありません。発情期が明瞭にわかるのが、チンパンジーの特徴なのです。

　発情していることが誰の目にも明らかだと、その間はたくさんの雄に付け狙われます。ところが発情期があからさまに示されない場合には、雄も四六時中つきまとうわけにはいきません。そこで、いつ発情期が来てもいいように誰か1人を確保します。相手は1人に絞られてしまいますが、とにかく交尾の相手が確保できるということで、ペア型が生じるのではないかと考えられます。これも化石には残りません。残るのは犬歯だけですが、それを説明するために推定を重ねていくと、ここまで述べてきたような解釈の流れがつくれるわけです。すべての推定が正しいかどうかはわかりません。しかし雄の犬歯が小さくなっているのは事実で、それを解釈していくと、人類の祖先の社会では、雄雌つがいという群れの形があったのではないかと想像されるのです。

8．脳の大型化と社会脳仮説

　次に、集団のサイズがどう変わっていったかについて見ていきましょう。今度は脳の大きさとの関連性が手がかりになります。

　脳の大型化は人類の進化の中では後半の出来事になります。二足歩行になり、犬歯が小型化し、ペア型の繁殖システムができても、脳が大きくなるのはそこから何百万年かたってからです。この間にどんなことがあったのかを考えていきます。

　人類の脳が大きいことは昔から知られていますが、それはなぜなのでしょうか。そもそも霊長類は、哺乳類の中では比較的脳が大きいので、

それを調べれば脳の大型化の要因がわかるのではないかということで、多くの研究者がいろいろな研究をしています。その中の1つに「社会脳仮説」というのがあります。昔はマキャベリ的知性仮説などと呼ばれていましたが、最近では「Social brain hypothesis」と記されることが多いようです。ロビン・ダンバーというイギリスの人類学者が推進している説で、彼は一般向けの本などもたくさん書いています。ここではこの社会脳仮説に沿って考えていきたいと思います。

　人間の脳だけが大きいのではなく、そもそも哺乳類の中で人間を含めた霊長類というグループ全体が比較的大きな脳をもっています。体が大きければ、それに見合った分だけ脳も大きくなるのは当たり前の話ですので、体の大きな生き物の脳と小さな生き物の脳を直接比べても意味がありません。そこで体の大きさを表す何らかの変数で基準化し、脳の大きさを比較します。「比較的」というのはそういう意味においてです。

　さて、人間を含めた類人猿の仲間、つまりチンパンジーやゴリラなどは、霊長類の中でさらに脳が大きいのです。つまり霊長類がそもそも大き目で、その中でも類人猿の仲間が大きく、さらに飛び抜けて大きいのがヒトです。

　脳はいろいろな部分からできていますが、特に大脳新皮質と呼ばれる、大脳の表面を覆っている細胞群が、高次の思考をする、あるいはコミュニケーションを取るなどの機能にかかわっています。そのあたりから、脳が大きくなる理由を考えようというのがスタートになります。

9．なぜ脳が大きくなったのか

　脳の大型化にはいろいろな理由が考えられます。体が大きくなればその分脳も大きくなっていいのだから、体の大型化が先に起こり、それに付随する形でついでに脳も大きくなったとも解釈できるはずです。また生態学的には、霊長類の食物は果物が中心であることから、果物を食べ

るという難しい行動をするために脳が大きくなる必要があったという考え方もあり得ます。

　では果物を食べるのはどのように難しいのでしょうか。果物を食べるためには、「そろそろあの木には実がなる季節だね」と予想して見にいくなど、少し高級な発想が必要になります。また広い範囲を探すためには、今自分がどこにいるかをあるレベルで認識していないとすぐ迷子になってしまいますので、活動範囲の拡大を可能にする空間認識力が必要となります。さらに果物には皮や種があり、食べ方を工夫する必要のあるものも多いです。したがって、果物は、探すにも食べるにも手間がかかる難しい食べ物なので、それを上手に食べるために脳が大きくなる必要があったのではないか、というわけです。

　一方、社会学的には、脳が大きいほど社会的コミュニケーションも密にできるだろうということで、大きさだけでなく質も含めた社会ネットワークのあり方と脳の大きさが関連しているだろうという考えもあり得ます。

　では次に、これらの生態学的な要因と社会学的な要因について、データで検証された結果を見ていきたいと思います（図3）。

10. 群れのサイズが脳の大きさを決める

　図3の左下は、大脳新皮質が占める割合が、食べ方の難しさと関連するかどうかを示したグラフです。あまり面倒ではない食べ物も、非常にスキルを必要とする食べ物もありますが、データでは大脳新皮質の割合はそんなに違わないということで、あまり関連しなさそうです。

　上段の2つは空間認識能力と、実際に食べる果物の量が多いかどうかが、横軸の脳の新皮質の割合と関連するかどうかをそれぞれ見たものです。いずれも分布に偏りは見られないので、関連があるとは言えません。したがって、生態学的理由として想定される、果実食は「探すのが大変

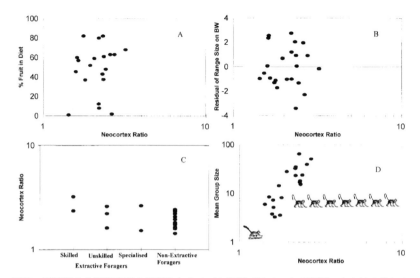

図3 真猿類の大脳新皮質の相対的なサイズと各種パラメータの関係。左上は食性に占める果実の割合、右上は遊動域の大きさ、左下は果実の処理の難しさ、右下は集団サイズ、に対してそれぞれ大脳新皮質の相対サイズを横軸にプロットしたもの。左下のみ縦軸が大脳新皮質の相対サイズとなっている。
(R. Dunbar "The social brain hypothesis." *Evolutionary Anthropology*, 6: 178-190〔1998〕より)

だ」「広い範囲がわからなければいけない」「食べ方が難しい」という点は、大脳新皮質の大きさとそれほどきれいに関係するわけではないことが示されました。

唯一関係がありそうなのが右下の図です。これは大脳新皮質の相対的サイズを、グループサイズ、集団サイズに対してプロットしたもので、見事に対応しています。これが社会脳仮説の冒頭の部分です。すなわち、脳の大きさはその種がつくる集団のサイズに関係していて、集団のサイズが大きいほど、脳に占める大脳新皮質の割合も大きくなります。大脳新皮質が大きくなることで脳全体も大きくなりますが、全体がやみくもに大きくなるのではなく、特に大脳新皮質が増えていることが見てとれます。

これは、日々お付き合いする仲間の数が多いほど、脳は大きい方がよい、と理解すればわかりやすいでしょう。いつも決まった3頭だけと付き合っていればいい場合と、それぞれの特性を把握しながら、30頭もの仲間と付き合っていく場合を考えてください。数が多くなるほど、コミュニケーションスキルが必要になるでしょう。そこで、脳の大きさは群れのサイズで決まっているのであろうというのが、社会脳仮説です。

11．人間の脳は交友範囲150人に適したサイズ

　この社会脳仮説が成り立つのであれば、逆に人間の脳のサイズから、人間というのはどういうものなのかをズバリ計算できるはずです。そこでダンバーはこの説にのっとり、人間の脳の新皮質の割合から想定される集団サイズは150人ぐらいであるとする学説を唱えました。つまり人間は150人ぐらいの人と付き合うのに適したサイズ、150人ぐらいの集団内でやっていけるようなサイズにまで、脳が大きくなっているというのです。

　例えば今年、私の両親が出した年賀状は200枚ぐらいで、私は120枚ぐらいでした。一家で付き合っている人数にすると、合わせて200～300人になります。皆さんでしたら、LINEのお友達登録を数えてみるとどんな数になるでしょうか。付き合いの薄い人に年賀状を出すケースもあるし、親しいのに出さないこともありますが、数としては百数十人です。ということで、150人というのは、結構可能性のある数字だと感じられます。

　もう少し昔からの暮らしをしている人たちについて調べると（図4）、見事に150人ぐらいのサイズの集団が見られます。この図は、もっと大きなまとまりである部族（トライブ：□）や、少し小さな家族単位（キャンプ：○）の人数も示されていますが、真ん中のクラン（●）と呼ばれるカテゴリーには150人ぐらいのサイズが集中していることがわかり

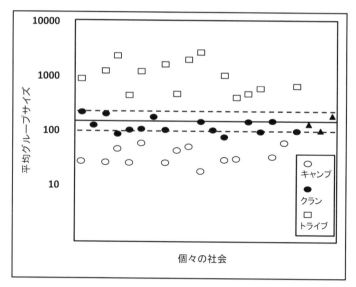

図4 伝統的社会における各種レベルの集団の平均サイズ。キャンプ、クラン、トライブの、3つの主要な社会集団についてのデータが示されている。中央の実線が150人で、クランのサイズがここに集中することが見て取れる。
(R. Dunbar "The social brain hypothesis." Evolutionary Anthropology, 6: 178-190 〔1998〕より、一部改変)

ます。

　ダンバーの説では、人間の社会にはいろいろな階層があって、一番小さいまとまりは3人ぐらいで、それが3倍、3倍に増えていきます。大きい方のまとまりは150人から500人ぐらいに、さらに1,500人ぐらいになります。その中で1つの目安として150人ぐらいだったら名前もだいたいの素性もわかる、自分の交友範囲としてそんなにおかしくない数字じゃないか、と言っているわけです。

12. 配偶システムと脳の大きさの関係性

　ダンバーの説は、ここまで見た限りでは非常に見事な説なのですが、

話はそう単純ではありません。霊長類に限って考えてみればうまく当てはまると言えますが、ほかの動物まで広げてみると、集団のサイズだけでは脳の大きさが説明できません。集団サイズよりもむしろ配偶システムの違いがより大きな影響を与えているようなのです。配偶システムとは、前半で見た群れ構造に相当するような、「つがい」「一夫多妻」などのことを指しています。例えば、近い種類の動物でも、つがいになる種類は、一夫多妻や雄雌複数で暮らしている種類よりも脳が大きいというのです。また鳥の仲間でもつがいになる種類は多いですが、毎年相手が替わるようなつがいと、一生添い遂げるようなつがいでは、後者の方が脳が大きいというのです。

　霊長類の世界では、例えば友人関係などのように、雄雌や配偶者間に匹敵するような深い付き合いが配偶者間以外にも存在します。だから霊長類では、配偶システムよりも集団サイズと脳の大きさが相関するのだと、そう指摘されています。やや言い訳がましくはありますが、霊長類の社会構造が全体的に複雑だったり、コミュニケーションが多様だったりすることの説明という意味では、あながち外れてはいないかもしれません。

　今の説に沿って霊長類を見ます。図5は、原猿、普通のサル、類人猿ごとに、社会構造、すなわち群れの構造と脳のサイズを対応させたグラフです。黒のバーはつがい、白のバーはそれ以外です。それぞれのグループの中でこの黒と白を見比べると、つがいになる種類の方が、より上にいます。つまり、つがい構造の方が脳がやや大きいという関係が、霊長類でも見られるということです。ダンバーの言い分は、こうした社会構造の違いの効果よりも、それも含めて全体の個体サイズの方が、脳の大きさに大きく影響しているのが霊長類ではないか、ということです。

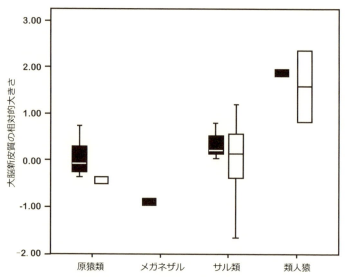

図5 群れ構造と大脳新皮質の大きさの関係。縦軸が大脳新皮質の相対的な大きさ。黒のバーはつがい、白のバーは同性が複数個体いる場合。
(R. Dunbar "The social brain hypothesis and its implications for social evolution." *Annals of Human Biology*, 36: 562-572〔2009〕より、一部改変)

13. 進化の過程における人類の脳の変化

　さて、ようやく人類です。現在において、150人ぐらいの集団サイズが人類の特徴であると、先ほど述べました。ではそうなるまでの過程はどうだったのでしょう。脳はめったに化石にはなりませんので、代わりに脳の入っていた空間の大きさで考えます。大脳新皮質の相対的割合まではわかりませんが、それも加えた脳全体の大きさプラス a ぐらいの数字を見ることができます。そのやり方で解像度が十分に高いと言えるかどうかは別問題ですが、人類進化の過程で脳がどのように変わってきたか考察するための情報は、ほかの証拠に比べるとかなりそろっているとも言えます。

　図6を見てください。左端は現生のチンパンジーです。左半分のA

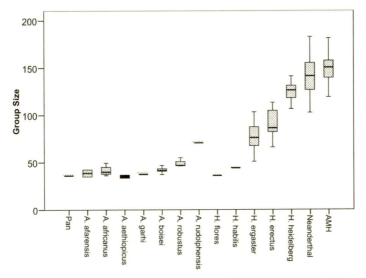

図6　化石資料の脳内腔容量から予想される人類祖先各種の集団サイズ。
(J. Gowlett et al. "Human evolution and the archaeology of the social brain." *Current Anthropology*, 53: 693-722〔2012〕より)

で始まっているのが猿人と呼ばれる、直立二足歩行をして犬歯が小さくなっているけれども、脳が大きくなっていない人類です。右側のHで始まっているのがホモ属の人類です。右端2つはネアンデルタール人とホモ・サピエンスです。縦軸は化石資料から推定された脳のサイズから導き出された集団サイズを表しています。このグラフからは、200万年前ぐらいのホモ・エレクトス、つまり原人くらいの段階で100人級の社会になっていたのではないかと読み取ることができます。さらに今から数万年前まで存在していたネアンデルタール人は脳がかなり大きく、我々と同じ150人クラスの集団を維持できたのではないかと言われています。結論としては、ホモ属の比較的初期の段階で、100人超の集団サイズがあり得ただろうということになります。

　さらに、集団サイズと言語のかかわりも垣間見えてきます。言語の起

源をまともには話せませんが、少しだけ説明します。サルがよくする毛づくろいは、お互いの毛の間のごみやシラミを取っているとされています。しかし実は、シラミがいてもいなくても毛づくろいをします。あれは実用性よりもむしろ、個体間の関係を保つための融和行動として行われているというのです。つまり毛づくろいすることで相手と自分との個体関係を担保しているということです。でもあまりに相手が多くなると、いちいち全員と毛づくろいしてはいられなくなります。

　100人、あるいは150人のグループサイズで、全員と毛づくろいしていたらきりがありません。そこで一度に毛づくろいと同じ効果が得られるうまい方法として、人は言葉を発します。そうすることでたくさんの相手に同時に働きかけられます。そしてこれが言語の起源にかかわるのではないか、という考えがあります。このような考え方は、言語の起源に関する「社会関係維持仮説」とでも言えるでしょう。確証があるわけではありませんが、集団サイズが大きくなっていくことで、新たなコミュニケーションの方法が発達していったという可能性はありそうです。

おわりに

　本日は、化石の証拠と対応させることができる生きたサルの特徴から類推して、人類の進化の過程で、群れや集団についてどんなことがどう起こったかについて考えてみました。ここで言えることとしては、第1に、人類進化の比較的早い時期にペア型の配偶システムが取り入れられ、そちらに移行した可能性。そしていま1つが、人類進化の後半約200万年間で脳が大きくなってきたことと連動して、集団サイズが大きくなった可能性です。その過程では、個体間の関係を円滑にするために言語が発達したかもしれません。

　たくさん個体がいれば、いろいろなまとまりが生まれるので、例えばそれぞれの個体が小さな集団に属し、その小集団が集まってより大きな

まとまりをつくるとか、全然関係ない別のグループにも重複して所属するというようなことも起こるかもしれません。

　人を見分けたり、自分の集団内での役回りを考えたりなど、グループサイズが大きくなれば当然、加速度的にそういう複雑さが増し、コミュニケーション力もどんどん上がるでしょう。さらに人数が多くなれば、みんなで同じことをする必要がなくなるので、次第に役割分担などもはっきりしてくるでしょう。こうした流れが、人間の社会に見られる「組織」の基盤になっているのではないかと思われます。

　化石からわかることは非常に限られますが、頑張ればこのぐらいのことを推測することができます。本日は、「化石から想定し得る人類の組織の前段階」についてお話しました。

慣習としての生命／出来事としての生命
生命・生活・生存

大宮勘一郎

（おおみや　かんいちろう）東京大学大学院人文社会系研究科教授。1960年生まれ。東京大学大学院総合文化研究科地域文化研究専攻博士課程満期退学。専門は、近代ドイツ文学・ドイツ思想。著作に『ベンヤミンの通行路』（未來社、2007年）、翻訳にゲーテ『若きヴェルターの悩み』（集英社、2016年）などがある。

はじめに

　こんにちは、東京大学大学院人文社会系研究科の大宮勘一郎です。
　私たちの生命は、護られるべき尊いものだが、時には「生命を賭け」なくてはならないこともある——こう言えば皆さんのうちかなりの人が納得するでしょう。そもそも「生と死」というのは人間にとって非常に重大な出来事です。しかし、それにしては生命とか死という言葉を私たちはずいぶん軽く使います。これは、特に「死」について当てはまります。「必死で」とか「死にそう」とか、それどころか「殺される」「死んだ」とか、平気で言いますね。もちろん比喩的に「大変なこと」や「とてもひどい目に遭ったこと」を表現する用法ですが、考えてみればかなり物騒です。これは別に日本語に限ったことではなく、ドイツ語などでも、直訳すれば「死にそう」とか「死にたい」となるような表現は当たり前にあります。
　これはどういうことでしょうか。生死という重大極まる事柄を、ただ軽く弄んでいる言葉なのでしょうか。「死ぬとか殺すとか、むやみに使

うな！」とたしなめるべきことなのでしょうか。でもこれは、今に始まったことではないし、若者だけではなく年配者だって使う言葉です。流行ではないし、好き嫌いとも、良識のあるなしとも関係ない。とにかくどういうわけか、とはつまり、私たちが自覚するより以前に、「死」をめぐる言葉は私たちの日常語の中に知らず知らず入り込んでいるのです。

　ここからは推論です。と言っても、手前勝手な当てずっぽうではありません。生と死については、昔から数え切れないほどの思想や理論があり、ここでは特に誰某の説、といった言い方はしませんが、この日常語の中に入り込む「死」について、これまでのいろいろな議論を手がかりに、総合的に考えてみます。

　私たちは、意識の奥底（無意識と言ってもいいでしょう）で、生と死について、ずっと気にし続けているのではないでしょうか。気にしている、というのは、考えている、というような能動的なことではなく、「生と死」が心のどこかに引っかかって離れずにいる、というほどの意味です。「生と死」が解答のない問いのようなものとして、私たちを知らず知らずに悩ませ続けている、と言ったほうがいいでしょう。

　そもそも生物について「生と死」は、いくつもの懸案事項のうちの一つ、のようなものではなく、むしろ最も大事な事柄です。何と言っても、命あっての物種ですから。そしてまた、最もわからない問いでもあります。そのような「生と死」こそが、私たちの内面の基礎の部分で、私たちの考えや感覚や行動を定めており、私たちは、何かにつけその問いへと立ち返らずにいられないのではないでしょうか。もちろん、自覚的にずーっと生と死のことばかり考えるわけではありません。ある種の宗教的実践では、常に死を思え、という課題を引き受けますし、はたから見ると、まるで死ぬために生きているかのような修行が繰り広げられますが、私は俗人で、しかも俗物ですから、とてもそんなことはできませんし、ここでお話しているのも俗世の話です。普通に暮らして、苦しいよ

りは楽しいことをしたいし、お腹がすけばおいしいものも食べたいし、疲れれば休みたいし、という平凡な人間の平凡な日常の中の話です。そんな日常において私たちは、生と死、という問題を大抵は忘れて生きています。これは悪いことではありません。自覚的に考える必要がないから忘れていられるのですから、むしろ恵まれたことです。ところが、平穏な日常でも少し大変なことや忙しいことがちょくちょく起きるわけです。そういう、日常生活のメリハリでしかないようなことを、いざ言葉で語ろうとすると、途端に口を衝いて出てくるのは「必死」だったり「死にそう」だったりするのですね。手っ取り早い誇張表現ではあるでしょう。多くの場合、それが「生と死」に関わる言葉だという自覚もないままに、何気なく口にされます。言葉と意味の結びつきがほとんど失われた紋切型と言って批判することもできます。でも、ここにあるのは、恐らく単なる言葉の貧しさではないのです。言葉としては貧しいにも関わらず、あるいは貧しい言葉だからこそ、「生と死」に関わる語彙が、飾りも遠慮もなく、ナマのままで表面化するのではないでしょうか。意味ある言葉を語ろう、という自覚が薄らいだところで、心の奥底で気になり続けている問題への執着がつい顔を覗かせる、というのが、生と死に関する通俗的な言い回しの多さの原因なのではないかと思えるのです。

　もちろん、文字通りに命がけの目にあったことのある人も世の中にはたくさんいるでしょうし、それをくぐり抜けているような人には、私などは敬意を表するしかありません。でも、そのような人はおそらく、生と死に関わる言葉には敏感になり、自らそういった言い回しを使う際に、むしろ抑制的になるのではないでしょうか。ふだん忘れているからこそ不意に思い出され口にされることがある一方で、生々しい記憶が残る重大事については軽々に言葉にできない、ということです。

1．生と死の絡み合い

　先ほどから「生と死」という言い方をしています。この授業のテーマは「生命の教養学」なのに、どうして敢えて「生と死」という両者を取り上げるのだろう、と不思議に思う方もいるかもしれません。この疑問に答える前に、まず確認しておきたいのは、「生命」とは、何か「もの」のように「はい、これです」と示して見せることのできるようなものではないということです。ヒトや犬や猫やカエルやセミなど、個々の生き物を指して、これは生きている、と言うことはできます。生きているものを見せることはできるけれど、生命そのものは見ることも見せることもできません。これは死についても同じです。死そのものも、私たちはやはり知ることができません。「死」に関しては、それが生命の不在だから見ることができないのだ、と考える人もいるかもしれません。ないものを見ることも知ることもできないのだから、と。しかし死とは、単に生命のないこととは違います。死は生命の不在のことではありません。死者はもちろん、生物の死骸ですら、私たちにとっては、単なる無生物とは別の存在と感じられます。「死」は「もの」ではないけれど、確かにそこに「ある」のです。「生命」とは違う何かとして「死」は存在します。それは生命を脅かし、同時に生命を持つ私たちを脅かす力として存在する、と言えるでしょう。故に「葬儀」というのは私たち人間にとってとても大事な行為です。お葬いをしないですませることは決して許されず、罰が当たることとされます。これは、遠い昔からそうです。後述しますが、「生と死の組織」の基礎には葬儀という儀礼があるのです。

　ちょっと昔のテクストを引いてみましょう。紀元前442年。途方もなく古いですね。

　　クレオン：

では、それなのに、大それた、その掟を冒そうとお前はしたのか。
アンティゴネー：
　だっても別に、お布令を出したお方がゼウス様ではなし、彼の世をおさめる神といっしょにおいでの、正義の女神(ディケー)が、そうした掟を、人間の世にお建てになったわけでもありません。またあなたのお布令に、そんな力があるとも思えませんでしたもの、書き記(しる)されてはいなくても揺ぎない神さま方がお定めの掟を、人間の身で破りすてができようなどと。

　だってもそれは今日や昨日のことではけしてないのです、この定(きま)りはいつでも、いつまでも生きているもので、いつできたのか知ってる人さえありません。それに対して私が、一体誰の思惑(おもわく)をでも怖がって、神さま方の前へ出て、責を負おう気を持てましょう。いずれ死ぬのは、定(きま)ったこと、むろんですわ、たとえあなたのお布令がなくたって。また寿命の尽きる前に死ぬ、それさえ私にとっては得なことだと思えますわ。次から次と、数え切れない不仕合せに、私みたいに、とっつかれて暮すのならば、死んじまったほうが得だと、いえないわけがどこにあって。

　ですから、こうして最期を遂げようと、私は、てんで、何の苦痛も感じませんわ。それより、もしも同じ母から生れた者が死んだというのに、葬りもせず死骸をほっておかせるとしたら、そのほうがずっと辛いに違いありません。それに比べてこちらのほうは、辛くも何ともないことです。あなたに、私がもしも今、馬鹿をやったと見えるのでしたら、だいたいはまあ、馬鹿な方から、馬鹿だと避難を受けるのですわね。

（…）

クレオン
だが、良い者が、悪人と同じもてなしを受けてはすまされない。

慣習としての生命／出来事としての生命　　141

>アンティゴネー
>誰が知っていましょう、それがあの世でまだ、差し支えるか。
>クレオン
>いや、けっして仇(かたき)が、死んだとて、味方になりはしないぞ。
>アンティゴネー
>いえ、けして、私は、憎しみを頒(わ)けるのではなく、愛を頒けると生れついたもの。
>
>　　　　　（ソフォクレス『アンティゴネー』449行以下、呉茂一訳）

　古代ギリシャ悲劇、ソフォクレスの『アンティゴネー』からです。アンティゴネー、イスメーネー、ポリュネイケス、エテオクレスの四人は、テーバイの王オイディプスの子供達です。オイディプスのお話はご存知でしょう。父を殺し、母を妻とする、という神託を図らずも実現してしまう人物です。そのオイディプスと母イオカステーとの間に生れたのが、今挙げた四人の兄弟姉妹です。

　主人公アンティゴネーの二人の兄ポリュネイケスとエテオクレスは王位をめぐって対立し、追放された前者はアルゴスと結び、後者を王とするテーバイを攻め、両者は決闘に及んだ末相討たれます。アルゴスの軍勢は去り、テーバイの独立は護られますが、戦後処理を担う新王クレオンは、祖国の将エテオクレスを手厚く葬らせる一方で、逆賊ポリュネイケスの埋葬を禁じます。戦い相斃れた兄二人を等しく弔うことを当然とするアンティゴネーは、王の掟に刃向かい、ここに悲劇『アンティゴネー』は始まります。

　どうしてギリシャ悲劇、しかも『アンティゴネー』か、と言うと、この作品では「生と死」という問いが極めて真剣に考えられているからです。また、この作品が近代のドイツ文学に及ぼした影響が非常に大きいからでもあります。と言っても、別にドイツ文学に「埋葬」ネタが頻出

するとかいうことではないのです。ドイツ文学とドイツ哲学は古代ギリシャをとてもよく学んだのです。

　哲学的には、ここでクレオンとアンティゴネーがそれぞれ体現するように、人間の掟と神々の掟とが対立することがある、というテーマが大きな意味を持ちました。19世紀初頭には、ヘーゲルという哲学者がこのテーマを繰り返し論じています。20世紀にはハイデガーという哲学者が別の観点から、やはり繰り返し論じています。ここではそちらの話に踏み込むことはしません。

　クレオンが主張するのは、死者に関しても、テーバイという国家共同体の内と外、あるいは味方と敵をバッサリ分ける政治的な立法が必要だということです。これに対するアンティゴネーが主張するのは、国家や政治以前に神々の掟というものがあり、それは人間の人為的な掟よりもはるかに昔から護られてきた、「いつできたのか知ってる人さえ」いないほど古いもので、それを破ることは王であろうと許されない、ということです。一方が人間が人間になってからの掟だとすると、他方は人間が人間になるための掟だ、と言い換えることができるでしょう。そしてアンティゴネーは、「葬儀」は後者だと言います。人が人になるためには、敵味方の区別なく人を葬ることができなければならないし、そうしなくてはならないのだ、と。

　これをさらに言い換えると、生者は死者を、命を持たない「物」のように扱ってはいけない、「死」を「生」から切り離し、生きている自分たちと全く別の事柄として考えてはいけない、ということになります。死者が「物」にすぎず、死が生と無関係な何かだとすれば、「葬儀」など必要なくなってしまうわけですから。

　もう一歩踏み込んで考えて見ます。

　さっきから敢えて「生と死」という言い方をしています。「生か死か」ではありません。「生物」と「無生物」なら、「生物か無生物か」の

ように、「あれか、これか either ... or ...」の選言で繋ぐことができそうです。「生命」の定義によるでしょうけれど、狭い意味での生物学的な観点に立てば、あらゆる事物は生き物とそうでない物のどちらかでしかない、と言えるでしょう。だから、どちらかでしかない。これに対して、生と死の関係は、生物と無生物のように排他的なものではなく、故に連言 "and" で繋ぐべきもので、"or" で繋ぐことはできないのです。

「えー」と思うかもしれません。しかし、「死」と「生」の関係は「あれか、これか」で区別することができるほど簡単ではなく、もっと複雑で、ある意味不可分に絡み合っているのです。少なくとも人間は、事実上「生と死」をそう扱ってきました。というより、「生と死」のほうが、分けて考えることを人間に許さないのです。

「許さない」というやや強い言葉を用いましたが、生きることも死ぬことも、人間にとって逃れがたい宿命であり、私たちはいわばそれらの力に振り回されます。生と死は、私たち人間を含め、生き物の中にあって生き物を突き動かす二つの相異なった力です。生に力があるように、死にも力があります。一方は無生物から逃れて自ら活動しようとする力、他方は無生物へと引き戻そうとする力、と言えるでしょうか。どちらの力も常に働いており、私たちは二つの力に常にさらされて存在しているのです。もちろんこのことは、「能動的に生きる」ことと矛盾しません。「私たちが生きて死ぬということ ... that we live and die」は如何ともしがたいことですが「私たちがいかに生きるか ... how we live」、すなわち生の組織化は私たちの意思次第でかなり変えることができます。私たちがどうすることもできない条件としての「生と死」の that を基礎として、私たちは能動的な「いかに how」を組織構築するわけです。

さて、大抵の人が自分勝手にデタラメな生き方をしないのはなぜでしょうか。倫理と言えば大げさですが、完全な野蛮に陥らない制約を人間は自分に課しています。それは誰か支配者や権力の命令に従ってそうす

るのではありません。そこに「死」が関わっているのです。「いかに生きるか」を組織し構築する行為は、その陰の部分において「いかなる者として死と相対するか」という死とのインターフェイスの組織構築を意味しもします。しかも、「いかなる者として生きるか」という生の組織構築は、私たちが物心ついた頃から常に行い続ける行為です。吉野源三郎の『君たちはどう生きるか』という本が、また売れているようですが、「どう生きるか」を考えるとき、「このまま生を終わらせてはいけない」という、曰く言いがたい緊張感が背筋のあたりに走るでしょう。私たちは、生きてゆく過程において、生に「かたち」を与えるという意味での組織構築と、死に「かたち」を与えるという意味での組織構築を同時に行っているのです。恐らくこのことが、人間の生がある一定の、見苦しくない「姿かたち」を失わない第一の理由なのではないでしょうか（昨今の国際情勢などからすれば希望的観測にすぎないかもしれないとは承知しています）。

　アンティゴネーは兄弟の「死」の能動的な力に促されて、自分自身の「生」を能動的に構築してゆきます。それはそのまま、自分自身の「死」の構築でもあります。その果てに彼女は生きながら石で囲まれた墓所に閉じ込められることを受け容れます。そしてアンティゴネーの正しさを証し立てるように、クレオンには厳しい罰が下されます。この悲劇を巡っては、「生の力」と「死の力」とが、相対立することなく、常に寄り添いあいながら、アンティゴネーという「生と死」が不可分に絡まりあった存在を輝かしく描き出してゆきます。非常に不思議な、それだけに忘れがたい作品です。

　もちろんこれは悲劇であって、その主人公は犠牲となるべき特別な人間存在です。なので極端な存在でもあります。しかし、アンティゴネーがなぜ極端に走ることになるのかと言えば、「生」ある者として、「死」に対して、政治的対立を超えて正しい礼儀を示そうとするためなのです。

「生と死」を別々に考えるなら、クレオンの措置で構わないわけです。「生きている者たち」の都合で、死者は葬ったり葬らなかったりしてよいことになります。しかし悲劇『アンティゴネー』は、それは間違いだと教えます。「死」を「生」と別々に考えてはいけないし、「死」の側から「生」を見つめる眼差し、すなわち「死」の眼差しが「生」には必要なのだ、と。生きている存在には様々な区別や差別があります。生き続けるためには取捨選択や競争がどうしても欠かせないので、身分や貧富、強弱などの差は生じてしまいます。しかし「死」は生きている間に豊かだった者にも貧しかった者にも、高貴だった者にも卑賎だった者にも平等に訪れるので、区別することは許されない。この「絶対的平等」の眼差しを「死」から受け取ることが「生」には不可欠なのだ、さもないと人は、身勝手で自堕落に生きることになるのだ、ということでしょう。「死すべき者」としての平等という抑えがなければ、生きている者同士の関係は、より酷い差別や攻撃などによって、途方もなく意地汚いものに成り下がってしまうでしょう。

このように、古代ギリシャの悲劇作品は、「死」が「生」に対して能動的に、また倫理的に関与することを教えます。古い話とお思いになるかもしれませんが、この教えが失われたわけではありません。私たちの「お盆」という習慣も、イメージとしては亡くなったご先祖さまたちがそのままお戻りになるかのようですが、実際には「生と死」が出会い交わることで「生」の行儀が正される機会と考えることもできるのではないでしょうか。また、我が国で人気の高いベースボール、野球というスポーツを語る言葉が「死」にまみれているのにも、理由があるでしょう。「アウト」は「死」ですし、アウトを取ることは「捕殺」、「刺殺」、「封殺」、「挟殺」、「二重殺」、「三重殺」など「殺す」ことですし、死の危険をかいくぐって本塁に戻れば「生還」です。本塁上でアウトになれば、何と何と「憤死」です。"Hit by pitch" などはわざわざ「デッドボー

ル」などという和製英語を作ったうえで「死球」と呼んでいます。もちろんこれらは通称ですし、多くはルール上の正式な語彙でもありません。しかし、競技者が生き生きとした力を発揮しあうはずのスポーツ競技において、9イニングの間に、裏までやれば27×2、すなわち54回の殺人が比喩的にであれ、それこそ組織的に行われているのです。少なくともそう物語られるのです。普通に考えればこれはかなり奇怪なことですが、我が国の野球は、戦う組織をなす人間たちの死と生がぎりぎり接近しながら繰り広げられる物語として受け入れられているのだと思います。つまりどのゲームもそれぞれが「戦(いくさ)」の物語として視聴者や読者には伝えられているのですね。日本は戦争をすることを自らに禁じているはずですが、「戦」の物語はスポーツやゲームなど、場所を変えて生き延びています。「戦」は生と死が複雑に絡み合う出来事として、つい生き延びてしまうのだ、ということでしょうか。これは日本のベースボール受容史に深く関わるテーマでもあります。おそらく日本の様々な「組織」を考える際にも示唆的なテーマです。

2．限界の生において出会われる死

　講義冒頭の言葉に戻ってみましょう。
　私たちの生命は、護られるべき尊いものだが、時には「生命を賭け」なくてはならないこともある——これまでは実際にそんな目に遭ったことのない皆さんの方が多いでしょうけれど、そんな皆さんもまた、漠然とではあれ、そんなこともあるかもしれない、ないとは限らない、という予感を持っているのではないでしょうか。
　とりわけ文学・芸術作品には、生命が失われたり犠牲とされたりする場面が多く表現されます。漫画やアニメなどでも、そこで描かれた世界に入り込んでしまえば、あえて危険を冒す登場人物に感情移入して自分も高揚感を味わう、という経験をすることができますが、一歩引いて考

えることができれば、そんな波乱万丈もヒーローのような存在も、現実にありえるわけもなく、いるわけでもないことは明らかで、そうでなくとも「何もそこまで」と思うことでしょう。

　ところが、ここが大事なのですが、私たちはついそういう極端な世界に入り込んでしまうのです。現実ではありえないようなことが生じ、人々を危険にさらしたり、登場人物たちが、それこそ命がけで悪戦苦闘する物語や映像に引き込まれてしまう。これは私たちの冒険心をくすぐられる体験と言え、それだけに、自分がそれに近い経験をしたことがある人なら、むしろそのような世界を、たとえ虚構であっても拒絶してしまうかもしれません。

　こうした作品は、生命を粗末に扱っているわけではありません（もし、そうだとしたら、間違いなく愚作、駄作です）。むしろ、自分は本当に生きているのか、また、本当に生きるとはどういうことか、という問いかけの表現なのです。ここからはドイツ文学を題材に「生きることの意味」を考えてみましょう。ゲーテの『若きヴェルターの悩み』を例にとってみます。読んだことのある方もいらっしゃるでしょう。物語の一番通俗的な要約は、ヴェルターという若者が婚約者のいるロッテという女性に横恋慕して最後は自殺する話、というものです。しかしこれでは身も蓋もないですね。恋愛は確かに重要なテーマになっていますし、三角関係が恋愛の本質をより明確にする、というのもその通りだと思います。これは我が国の夏目漱石を考えればわかりやすいですね。しかし『ヴェルター』については、これが「生きること」あるいは「生きることの意味づけ」を本格的に問い直した作品である、という側面を忘れることはできません。18世紀後半、1774年の書簡体小説ですが、今だに読み継がれるのは、このためでもあるのです。

　次に引いているのは、1771年8月12日の手紙です。

「また君の気紛れが始まった」アルベルトは言う。「君は何でも誇張してしまうけれど、少なくとも君がここで、私たちが話題としている自殺と偉大な行為とを同列に置くのは間違ってますよ。自殺っていうのは弱さだとしか考えようがありませんもの。だって、苦しみだらけの人生に屈せず耐え抜くよりは、死んでしまうほうがもちろん簡単なわけですからね。」

　俺は話を打ち切りかけた。何が嫌って、こっちが心の底から本気で喋ってるってのに、こういう中身もへったくれもない紋切り型で身を固めてくる奴の言い草ほど頭にくるものはない。だけど俺は何とか気を取り直した。この手の理屈は前に何度も聞いたことがあったし、それで時々向かっ腹を立てたこともあったからね。それで、ちっとばかり威勢をつけて、奴にこう言った。

　「あんたはそれが弱さだっていうのか？　頼むよ、見かけに惑わされないでくれよ。圧政者の耐えきれない軛(くびき)に呻(うめ)く民衆がさ、ついに怒りを爆発させて鎖をブチ切ったとしたら、それをあんたは弱いって呼べるかい。家が火事になってさ、恐ろしさのあまり体中の力が残らず緊張するのを自分でも感じて、ふつうの感覚の時ならとても動かせないような荷物を軽々と運び出す奴とか、侮辱されたことに腹を立てて、六人を相手に立ち回って叩きのめしちまうような奴とかを、弱いって呼べるかい。ねえ、力を振りしぼることが強さなんだとしたら、並外れた緊張が何でその逆でなけりゃいけないんだい。」

　アルベルトは俺を見つめてこう言う。「悪く取らないでほしいんだが、君の言ってる例は、まるで今の話題に当てはまりませんよ。」

　「かもな」と俺。「俺がいろんなことを結びつけるやり方ってのは、時々ウワゴトすれすれになるって、よく難癖つけられるもの。じゃあさ、何でもなけりゃ快適なはずの人生っていう荷物を投げ捨てち

まおうと決心する人間が、一体どんな気持ちなんだろうかってことを、試しに別の仕方で思い描いてみようじゃないか。だってさ、同じ気持ちになるってことができるんでなけりゃ、ある事柄について話をする資格なんてないことになるだろ。」

「人の本性ってものには」俺は続けた。「限界があるよな。喜びとか悲しみとか苦痛とかは、ある程度までは我慢できるけど、それを超えちまった途端俺たちはお終いだ。つまりさ、問題は誰かが強いとか弱いとかってんじゃなく、そいつが自分の苦しみの限度ってものに耐えきれるかどうか、ってことなのさ。こいつは道徳上の限度ってことも、肉体上の限度ってこともあるけどな。で、俺はさ、性質（たち）の悪い熱病で死ぬ奴を弱虫呼ばわりするのがおかしなことだっていうのと同じで、自分の命を自分で奪う奴を弱虫だっていうのは妙だと思うね。」

「詭弁！　ひどい詭弁だ！」アルベルトは叫んだ。

「あんたが思うほどでもないさ」と俺。「あんただって認めるだろ、そいつに罹ると体の力が奪われたり、体が言うことを聞かなくて、もう自分じゃ立ち上がることもできなくなったり、どんだけ病状が好転したって普段通りの生活に戻ることなんか無理になったりするようなものを、俺たちは死に至る病と呼ぶよな。

でさ、これを精神てものに当てはめてみようじゃないか。いろんな制約のせいで窮屈に追い詰められてる奴の様子を見てみなよ。あれこれ印象に振り回されたり、観念にガチガチに取り憑かれたりしてさ、ついには情熱を膨らませて平静な思慮の力を奪い取られて、破滅に追いやられちまうだろ。

こんな可哀想な奴の境遇を、落ち着き払った理性的人間がいくら眺めてたって何にもなりゃしないし、そいつに話しかけたところでどうにもなりゃしない！　健康な奴が病人の枕元から、そいつに自

分の体力を吹き込んで分けてやろうとしたって、これっぽっちもできやしないのと同じさ。」

　この手紙は、ヴェルター自身が最後に自ら命を絶つこともあり、あたかも自殺擁護論のように読めてしまうところがあるのですが、話はもう少し複雑です。ヴェルターは「自殺は弱さではない」とアルベルト君に抗弁しながら、なぜ人は自ら命を絶つことがあるのか、という問いに答えようとしているのです。そしてそのとりあえずの答えが、自由に生きる力を押さえ込もうとする制約との戦いに耐えきれなくなるからだ、というものです。とことん戦うことで、自分の命は失われるかもしれないが、自分を押さえつけようとするその制約の力にも、打ち克つことはできなかったにしても一矢報いることになるのだ、と。

　古代ギリシャには「運命」という、人間にはどうしようもない力に対する畏怖があり、ギリシャ悲劇の主人公はそのような運命を自分自身で呼びおこし、同じその運命に抗いながら破滅してゆく存在でした。しかし、「運命」は基本的に古代の考え方で、これに対して、近代文学ではもはや「運命」は比喩的な意味でしか用いられません。それに代わって、ドイツの近代文学の主人公たちが戦う相手は、同じ人間たちの作り上げた約束事であり、制度であり、掟であり、また、それらを強いる人物たちなのです。とりわけ主人公たちは、「自由」のために悪戦苦闘します。次の引用は、先の手紙より少し前のものです。

　　それにそういう奴は、アレするなとかコレやめろとかってどんなに言われたって、心の中にはいつも、自由は美味いものだっていう感覚を失わずにいる。こんな牢獄、出ていきたくなったらいつでも出ていけるぜ、っていう気持ちもね。（1771年5月22日）

「そういう奴」とあるのは、引用直前の、与えられた境遇から少しでも多くのおこぼれにあずかろうと齷齪(あくせく)することの愚かさを知っており、自分の世界を持っている人、のことを指しています。

英語の life、ドイツ語では Leben は、日本語の「生命」という意味にも「生活」という意味にもなります。さて、「生命がかかっているのだ！」という表現と「生活がかかっているのだ！」という表現が同じと思える人は多分いないでしょう。「生命がかかること」、つまり「命をかけなくてはいけないこと」は、私たちを死の危険に晒し、私たちにぎりぎりの努力と戦いを求めますが、「生活のかかっていること」は、むしろ慣習に従い妥協することを、そして計算と計画を、時には打算を強います。もちろん、どちらも大事なことで、どちらか一方だけでは済みません。

「命がけ」をぎりぎりに生きるとき、人の生は例外的な「出来事」になります。周囲の人々はそこに美を見出し、感動するでしょう。他方、「生活がかかっている」時、人はいかに単調で退屈で気が向かないことであろうと、時に屈辱的でさえあろうと、腹をくくって淡々とそれに従事します。「出来事」の激しい輝きはないでしょうが、そこにもやはり、厳しさに耐える存在に人々の共感や憐れみという鈍い光が差すことはあります。「命がけ」の事態が頻繁に起こるのはどう考えても不幸な世の中ですし、「生活」ばかりを常に気にしなくてはならないのも、別の意味で鬱陶しいことでしょう。しかし、命がけの事態がありうる、という自覚は私たちに勇気と身だしなみを与えるでしょうし、生活のために、私たちは知恵や技術を発達させてきました。そして「生活のため」の知恵や技術が、ただ楽をしたりごまかしを許したりするだけのものにならないためには、どこかで「命がけ」に対する心の備えを持っていなくてはならないのでしょう。黎明期のドイツ文学が「命がけ」で手にしようとし、守ろうとしたのは「自由」でした。「自由」を巡って「生と死」

が交錯する、というのがドイツ文学の典型の一つとなってゆきます。「生活」のほうは、大まかに言って19世紀に描かれ始めます。

3．生存について

　最後に「生存」についてお話します。生存は英語で survive, survival ですね。ドイツ語では überleben と言います。生き残ること、です。生き残る力を持つのは、特にこれからの世の中ではますます大事なことですよね。さて、生き残るとは、第一に生命の危険をくぐり抜けることを含意します。第二に、他の人あるいは人々の死を前提とすることでもあります。He was survived by his wife.（彼は妻より先に死んだ。）などという用法がありますね。生存とは、硬い言い方をすれば、おのれの生の可能的限界、あるいは他者の生の現実的な限界を超えて生きること、です。この言葉においても、「生」と「死」が深く絡まり合っているのです。「生存」には自分あるいは他者の死、すなわち「犠牲 sacrifice, Opfer」という問題が関わっているのだからです。ある危険を自分が生存すれば、それが重大な危険であるならそれだけ一層、生存できなかった人がいた可能性は大きくなります。しかも大抵は生存できなかった人が多数です。第二の用法でもやはり、他者の死を前提とします。「生存」という言葉が、深刻な内実を持つことがおわかりいただけたと思います。平気で使われていますが、本来ならばそう軽々と使ってよい言葉ではなさそうです。そうはいっても、講義冒頭に述べたような理由で、私たちは使い続けるのですが。

　ゲーテのもう一つの作品を挙げます。『タウリスのイフィゲーニエ』という、1787年の戯曲作品です。これは、やはり古代ギリシャの悲劇作家エウリピデスの『タウリケーのイピゲーネイア』（紀元前413年頃）を換骨奪胎した作品です。古代の作品からゲーテは、古代だけに当てはまるのではない普遍的な主題を引き継いでいます。それが、犠牲と生存と

いう主題です。イフィゲーニエは、トロヤ戦争のギリシャ側総大将アガメムノンの娘です。ギリシャ軍は出陣したものの、女神アルテミスの怒りを買って、アウリスという港で風が凪いでしまい、仕方なくアガメムノンがイフィゲーニエを犠牲としてアルテミスに捧げることにします。アルテミスは最後の最後に、イフィゲーニエが祭壇で殺されかける際に彼女を救い、タウリスという遠い蛮族の国の自分を祀る神殿で巫女として仕えさせます。この犠牲によって首尾よく出帆できたギリシャの軍勢は、散々苦労した末に、トロヤを滅ぼします。そのトロヤから凱旋したアガメムノンはしかし、帰宅するや、娘を奪われたことを恨みに思う妻のクリュタイムネストラとその愛人アイギュストスに謀殺されます。さらにこのクリュタイムネストラを、イフィゲーニエの妹エレクトラと共謀した末弟のオレストが殺します。ところが母殺しとは、（どんな共同体でもそうですが）決して犯してはいけない犯罪なので、オレストは三柱の復讐の女神たちに追いかけ回され、諸国を放浪する運命を科せられます。しかし、「タウリスから妹を連れ帰れば救われる」というアポロンの神託を受け、それに従い、アポロンの妹である女神アルテミスの像を奪いにタウリスにやってきます。ところがタウリスという国には、異邦人が来訪したら殺してアルテミスのお社に奉納する、という風習があります。今やお社の巫女をつとめるイフィゲーニエは、王に訴えてこの風習を中断していたのですが、王の求婚を断ったために、風習の再開の命令を受けてしまっています。異邦人として囚えられたオレストが、こうしてイフィゲーニエと対面します。最初は互いの素性を知らない同士だったのですが、話しているうちにお互いが姉弟であるとわかります。しかし、再会を喜ぶことはできません。というのは、イフィゲーニエは異邦人である弟を犠牲に捧げねばならない立場にあるからです。弟を殺さねばならない姉と、姉に殺されねばならない弟とが出会うわけです。

イフィゲーニエ：（……）
あなたは囚われの身で、犠牲となるためここにいて、
そして巫女が姉だと見出しているのです。
オレスト：呪われた輩どもさ！　こんなふうに太陽は
俺たちの家族が最後に虐げあう惨状を見たいというのか！
エレクトラはいないのか、あれも俺たちと
諸共に破滅して、人生を
もっと重い宿命と苦痛へと先延ばしにしなければよいのに？
いいとも、巫女殿よ！　俺は祭壇へと従おう —
兄弟殺しは由緒正しいこの一族の
昔からの習わしだ。感謝するぜ、神々よ、
俺を子もないままに滅ぼしてくれようと
お決めになったこと。お前に一言忠告させてくれ、
太陽などあまり好まぬことだ、星々もな。
さあ、ついて来い、冥界へと一緒に降りよう！
硫黄の沼から生まれた竜どもが、
同胞相戦って、相貪り食うように、
怒りに駆られた一族も自らを滅ぼすのさ —
子もなく無垢のまま一緒に堕ちてゆこう！
お前は慈悲の心で俺を見つめるのか？　やめろ！
そんな眼差しでクリュタイムネストラは
息子の心への通い路を探し求めたさ —
けれども息子が揮った腕は、母上の胸に的中だ。
母は斃れたぞ！— 出てこい、招かざる悪霊ども！
輪を閉ざして歩み寄れ、お前ら復讐の女神ども、
ご所望の芝居に付き合ってもらおう、
お前らが用意したなかでも極めつけの、残忍至極の

　　　　　出し物だ！
短剣を研ぎすますのは憎悪でも復讐でもなく、
愛に溢れた姉さまが事をなすよう
強いられるとはな。泣くな！　お前のせいじゃない。
生まれてすぐの時分から俺は何も
お前を愛せるほどに愛したことはなかったさ、姉さまよ。
さあ、お前の剣を揮え、遠慮は要らん、
この胸をかっ捌き
ここに煮えたぎる血の流れに出口を切り開けろ！
（疲弊衰弱して倒れる）
（第３幕第２場）

　激しい台詞です。この場面にはまさしく「生存＝生き残ること」が重層的に主題化されています。第一にイフィゲーニエ自らが、女神アルテミスの計らいによって命拾いした生存者です。しかし彼女の生存は、復讐による父アガメムノンの殺害を防ぐことはありませんでした。ゆえに彼女は、言うなれば父親を犠牲とした生存者でもあります。他方彼女は、タウリスの巫女として、異邦人殺害という仕来りの潜在的遂行者ですが、王に進言することにでこの遂行を中止させたのですから、彼ら異邦人の死後に生きる者、という意味での生存者であることを拒んだことになります。もちろん彼女にとっても生きることは重要ですが、他者を死なせることによって自らが生きることは望まないのです。つまり、一度は自分がそうでありかけた「犠牲」という制度を否定するのです。しかし、引用した場面では弟殺しという形で、「犠牲」による「生存」を強いられかけています。相対するオレストは、母殺しという罪を帯びつつ生存しています。母の死を生き延びている、あるいは母の死という犠牲にのっとって生存しているとも言えるでしょう。その罪が赦される可能性が

ようやく与えられ、タウリスまで来たところで、やはり生命の危険にさらされます。それは自らが犠牲として捧げられるかもしれない、という事態です。その犠牲はアルテミスに捧げられる儀礼的なものでもありますが、彼がそれを拒めば姉イフィゲーニエの生命を危険にさらします。こうして彼は、血を分けた姉イフィゲーニエに向かい、さあ殺せ、と叫び悶絶するのですが、これは単なる狂乱ではありません。八方塞がりの中、「生存」を姉に譲り渡そうとしているのです。この状況下で生と死を倫理的に組織化しようとするならば、これ以外の仕方はあり得ません。

　詳しくは作品を読んでいただくとして、一言だけ言えば、エウリピデスもゲーテも、最終的には犠牲の血を流すことなく、この状況を解決しています。ゲーテの作品では、蛮族とされるタウリス人らにも応分の正義が与えられています。面白いので、ぜひ読み比べてみてください。

　ここで皆さんにわかっていただきたいのは、「生存」という言葉が非常に苛烈な、酷く残酷な意味を持つということです。私たちは今、確かに生きています。しかし私たちのこの生は、生存でもあるのです。そう言い換えることで、私たちが今ここでこうしているときにも、今ここでこうしていることのできなかった多くの存在をおのれの影としているのだ、ということに思い至ることになるでしょう。私たちは「生存」を譲り受けてこうして生きているのであり、遅かれ早かれ、いずれ別の誰かに生存を譲り渡すことになるのですね。ここでもやはり「生と死」は絡み合っています。この絡み合いを倫理的に組織化することが、生きている人間の永遠の課題なのです。顧みるなら、葬儀も犠牲も、ヴェルターの自死も、日本野球でさえも（スポーツとは違う何かになってしまうという対価を払ってまで！）、その課題に対するその都度の答えを模索しているのです。この課題に私たちは本当に応えられているだろうかと考えると心もとないですが、ちょっと居住まいを正したくなりますね。もちろんずっとそんなことばかり考えていることはできませんし、する必

慣習としての生命／出来事としての生命　　157

要もないのです。なぜなら、考えなくとも心のどこかに引っかかっていることなのですから。

　ドイツ文学には、生命をただ謳歌するものよりは、むしろ生と死をめぐるこういう難題が多く描き込まれています。論じようとすると重いテーマですが、文学の言葉は力強く、かつ繊細に「描く」言葉でもあります。これまで文学にあまり関心のなかった方も、たまには力強い言葉、美しい言葉に触れてみてください。文学の言葉は単なる「情報」の乗り物ではないし、ましてや取り引きの道具などではないのです。

生命体としての軍隊

黒沢文貴

(くろさわ　ふみたか) 東京女子大学教授。1953年生まれ。上智大学大学院満期退学。専門は日本近代史。著作に『大戦間期の日本陸軍』(みすず書房、2000年)、『歴史と和解』(東京大学出版会、2011年、共著)、『大戦間期の宮中と政治家』(みすず書房、2013年)、『二つの「開国」と日本』(東京大学出版会、2013年) などがある。

はじめに

　皆さん、こんにちは。東京女子大学の黒沢文貴です。今回のタイトルは「生命体としての軍隊」となっていますが、私はこの講義の依頼を受けましたときに、最初は非常に戸惑いました。軍隊あるいは軍人というのは、基本的には人を殺す存在です。よく言われるように、我々が日常において人を殺せば犯罪になりますが、戦争で軍人が敵を殺すのは許されています。たくさんの敵を殺せば殺すほど英雄になります。そのような存在である軍と「生命」とがどのように切り結ぶのだろうか。そこでまず、「軍は果たして命を軽んじるような組織なのか、そうではないのか」ということを考えてみたいと思います。

　それからもう一つ、一般的に軍隊に対しては「堅い」というイメージがあるのではないかと思います。私は軍事史学会の会長をしておりますが、その関係で自衛官の方に接する機会も多くあり、基本的には堅い人が多いのではないかと思います。そこで、組織としての軍隊が本当に硬直した組織なのかということを考えてみたいと思います。軍隊のような

役割をもつ集団や組織は、人間が人間としてそれなりの生活を営むようになったころから存在していたと思いますが、仮に硬直した組織だとするならば、なぜ今日まで存在してきたのか。組織というものは、なんらかの柔軟性がなければ生き残ってこられないのではないか、そうした点からも組織体としての軍を考えてみたいということです。

　以上、これらの点を念頭において、軍とはそもそもどういう組織なのか、どういう目的をもっているのか等を確認しながら、話を進めていきたいと思います。

1．国王の軍隊から国家の軍隊へ——国家と軍

　そもそも権力と暴力とは非常に近しい関係にあります。権力主体は自分の支配の拡大と維持、そして防衛のために暴力を用います。この暴力の管理と行使の専門的職能をもつ組織が軍隊、軍です。歴史的にみると、軍隊は権力者との何らかの個人的な関係から始まり、権力主体の姿の変化に応じて、自らの姿をも変えてきました。はじめに結論的なことを述べますが、軍隊というのは、環境の変化に応じてあたかもカメレオンのように姿を変えていく、一個の生命体としての機能をもつ組織ではないかと思います。

　例えば、西洋の絶対王政期、絶対君主の時代には、傭兵軍、常備軍がありましたが、国王とそれらの関係はやがて崩れます。フランス革命などの革命によって権力主体が国王から議会や国民に移り、その結果、政府や政治の形が共和政であれ立憲君主政であれ、徴兵制を基礎とする国民皆兵の軍隊へと基本的には変わっていきます。

　軍隊の忠誠心の対象も変化して、いわゆる国王の軍隊から国家の軍隊へと、その姿は変わります。その大きなきっかけとなったのが、フランス革命期にナポレオンが始めた徴兵軍です。これはナショナリズムに駆られたフランス国民を主体とする、新しい姿の軍隊でした。

このような武力集団の組織の在り方の変化については、近代日本でも同じことがいえます。明治新政府成立後の1869年（明治2年）に四民平等となり、江戸時代の身分制が否定されます。そして1871年には中央集権化の始まりである廃藩置県が行われます。これは薩摩、長州、土佐の藩兵を御親兵として、その武力を背景に行われました。ですから軍という観点からしますと、この段階ではまだ各藩の藩兵です。しかしここで一応、政府の直属軍ができました。さらに1873年には、徴兵令が施行されます。そしてこれ以降、いわゆる国民皆兵の軍隊に転換していきます。1876年には廃刀令が出され、武士階級の象徴であった刀をもつことが禁止されます。

　江戸時代には身分制にもとづく、地方割拠的な武士集団が存在しました。将軍あるいは大名に忠誠を尽くす家臣団、武士団が江戸時代の軍隊の姿でした。それがこれまで述べてきた諸施策を通して、中央集権的な明治新政府に所属する国家の軍隊、国民皆兵軍隊へと大きく変化することになったのです。

　この軍の姿の変化は、西洋諸国の場合と同じく、国家の形の変化に伴うものでありました。全国支配権をもつ幕府と地方割拠の藩とからなる封建的な国の形が崩れ、西洋をモデルとする中央集権的な近代主権国家、国民国家への転換が求められました。この封建国家から近代国家への移行に見合う形で、軍の姿も変わったということです。

　さらに時代背景として、当時の日本の支配層には、西洋諸国の侵略を防ぎ独立を維持しなければならないという危機感がありました。最近は、そんな危機はなかったという意見もあります。客観的情勢がどうであったのかということは非常に重要なことですが、ここで肝心なのは、主観的認識がどうだったのかということです。少なくとも幕末維新期の政治指導者、軍事指導者にとっては、やはり西洋諸国の侵略からいかにして日本を守るのかが最重要事でした。

そういう危機感がベースにあって、江戸幕府が崩壊し、明治新政府が樹立されます。国家体制の転換という問題が、軍事的な危機意識を背景に起こったわけです。新政府は欧米諸国に対峙するために、西洋をモデルとする軍隊、西洋的な近代軍をもつ必要がありました。

　もちろん旧武士層、士族層を中心に、こうした動きに反対する人たちもいて、それが西南戦争で終結することになる士族反乱につながります。そのような動きを経て、明治新政府がめざした古い封建的な武士団に替わる新しい近代的軍隊が創出されたわけですが、それはこれまでのお話でおわかりのように、日本の近代化過程の中でも非常に優先順位の高い施策であったといえます。明治期に富国強兵というスローガンが新政府によって打ち出されたのにも、そうした背景がありました。

2．近代化を主導する組織としての軍──国民・地域社会と軍

　明治初年の日本は、欧米諸国と比較すれば開発途上国でした。一般的に発展段階の国家において、軍が近代化を主導する重要な役割を担うことは、よく知られている現象です。例えば、第二次世界大戦後に、アジア、アフリカ諸国に多くの独立国ができました。中南米などの開発途上国でも同様でした。それらの地域では多くの軍事政権が誕生し、独立後の国の発展、近代化を主導しました。同じように、明治日本の近代化過程においても、軍の果たした役割はきわめて大きなものでした。

　軍はいち早く、国家のどの組織よりも先に世界標準でつくられました。どこの国の軍隊も、基本的な組織のつくり方や在り方は同じです。例えば、呼称は多少違っても、基本的には大将を頂点とした階級があります。また作戦を立てる部門と、予算を獲得してくる、あるいは軍の政治にかかわる部門とに分かれています。新政府の軍も、近代化の最先端を行く組織でした。

　また国民皆兵は軍隊だけの問題ではなく、日本国民というものをつく

り出していくための施策でもありました。中央集権的な近代国家をつくるということは、「日本国」と同時に、「日本国民」をつくり出していくということを意味します。江戸時代に「あなたのお国はどこですか」と人々に尋ねれば、「長州です」とか「薩摩です」という答えが返ってきます。それぞれの出身藩が国でした。そのような地域的な割拠性を超えた、日本国に自身のアイデンティティを見い出す日本国民という認識をつくり出していくことが必要でした。

　さらに、士農工商の身分制もなくしました。つまり地域的割拠性と身分制を取っ払い、みんなが同じ日本人だと感じられる、そういう意味での日本国民をつくり出していくこと、それが近代国家になるための明治期の課題だったのです。国民皆兵軍隊は、そういう国民をつくり出す上で、大きな役割を果たしたといえます。

　また軍隊は、経済、科学技術、法律、教育、思想、社会など、さまざまな要素と非常に密接なかかわりをもつ組織です。軍事は軍事だけで完結するのではなく、それを生かすためのさまざまな関連諸領域があります。例えば、さきほど富国強兵について触れましたが、もちろんある程度国が富んでいなければ、強い軍隊はつくれません。そういう意味で、経済は重要です。具体的には殖産興業ということにつながります。

　そして軍は、最先端の技術とその集積としての武器・兵器をもつ必要がありますし、もたなければ勝つことはできません。基本的に戦争は科学技術の戦いです。勝敗を決するのは精神力だ、という考えもあるでしょう。しかし、基本的には科学技術力の問題なのです。1945年8月に日本が本土決戦を迎えようとするとき、国民に示された武器は竹槍でした。これではやはりアメリカ軍には勝てません。

　さて、ここからは特に軍隊と国民、そして軍隊と地域社会との関係如何という点に絞ってみたいと思います。

3．軍隊と国民の関係

まず国民との関係です。1873年（明治6年）に徴兵令が出され、国民皆兵の理念の下、健康な成年男子は軍隊へ入らなければいけないことになりました。ただ徴兵令制定当初は、例えば、一家の長男などは除外されましたし、幾ばくかのお金を積むと徴兵されないなど、抜け道もありました。理念と現実との間には差があったわけです。その後、いく度かの制度改正が行われ、そうした部分を是正しながら、国民皆兵の姿に近づいていくことになります。

こうして多くの国民が軍隊に入ることになりますが、彼らの背後には送り出す家族と、生まれ育った地域社会とがあります。つまり軍隊と国民あるいは地域社会とは、もともときわめて近しい関係の中で存在し、発展していくのです。そして軍隊は、軍事的素養の乏しい農民や商人の子弟たちに訓練を施し、一人前の兵士に育てる教育機関でもありました。

では、軍隊ではどのような教育がなされたのでしょうか。例えば、軍隊では指揮官の命令を受けて、迅速に規律正しく集団的な行動がなされる必要があります。その際、まず問題となるのは、実は指揮官の発する言葉になります。指揮官の発する言葉がわかるかどうかということです。軍隊は全国どこでも同じ言葉が通用する、理解できる組織でなければいけません。しかしそれまでの日本では、各地で方言が使われていました。自分の所属する軍隊の指揮官が、同じ出身地の人とは限りません。軍隊が特定の方言が通用するだけの場では困るわけです。そこで必要とされるのが、標準語（や軍隊用語）の問題です。

いずれにせよ、これも広くいえば、日本国民の創出にかかわる話になります。国語や標準語の形成と流布という問題と軍隊教育とは、密接な関係にあったわけです。

また軍隊の命令は、文章で伝えられることもあります。軍人勅諭のような軍の規律や行動原則に関わる文書、そして兵器の取扱書等もありま

す。ですから、文字を読めるかどうかも重要な要素です。さらに例えば、大砲を撃つ砲兵になると、どの角度に向けて撃てば目標物に当たるのか、軌道を計算する必要があります。当然、数学なども必要になります。

このように兵士たちには、言葉の理解、読み書き、計算などの基礎的な知識の習得が求められます。

他方、先ほども触れた、兵隊が規則正しく集団的に動くためには、そうした軍人としての行動ができる身体が必要とされます。また命令を受けてただちに行動に移せる従順性を身につけることも必要です。それゆえ、それらを養うための訓練も、軍隊教育のカリキュラムにおいては非常に重要な要素となります。

次に、生活様式面についても、みてみましょう。兵士の服装は和服ではなく、洋装になります。戦闘のための機動性、防寒・防水などの機能性、他国の軍隊の兵士と違うことが一目でわかる識別性。そうした観点から軍服、軍帽、軍靴などを身に着けることになります。しかし例えば、入営すると新兵は革靴を履きますが、今まで草履や下駄を履いていた人がいきなり革靴を履くということになれば、当然痛かったりマメができたりしますので、当時の兵にとっては、こうした西洋式への変化は大変な苦痛を伴うものでもあったようです。

それからもう一つ重要なのは、時間の問題です。何時何分に戦闘を開始する、退却するなど、命令のなかに時間が出てきます。ですから時間通りに行動できるよう、分・秒にわたる時間の観念が養われなければなりません。

このように近代軍の兵士は、さまざまな能力や習慣を身につける必要がありましたが、それらを身につけさせる場が軍隊であったわけです。

ところで、今お話したような能力や習慣は軍隊特有かというと、必ずしもそうではありません。近代化を担っていく普通の国民の資質としても、当然求められたものでした。ですから学校教育と軍隊教育には、非

常に重なる部分があります。軍隊はやがて日本全国に配置されていき、同一基準の下で近代的な兵士を育てる訓練が行われますが、それは同時に、近代的な国民を育てることにもつながるものであったのです。

　2年なり3年なりの兵役生活を送った後、やがて兵士は除隊して故郷に帰ります。すると彼らの近代化に伴う経験が、それぞれの郷土に広がっていきます。洋服を着て靴を履く習慣が、そして時間の観念が、彼らを通じて地方に伝播していきます。兵士たちは新しい文化を身につけると同時に、それを日本各地に伝える文化の伝播者という側面をも担っていたわけです。

4．軍隊と地域社会の関係

　次に、軍隊と地域社会との関係です。陸軍の重要な拠点である師団司令部、あるいは連隊などは、基本的に県庁所在地や地方の中心的な都市に置かれました。海軍では艦隊の集結地である鎮守府が横須賀、呉、佐世保、舞鶴などに置かれ、軍港都市として発展しました。

　連隊や鎮守府が置かれた都市では、水道や道路をはじめとするインフラ整備が行われます。これはもともとは軍事的必要性によるものですが、そこに住む住民にとっては、生活が非常に近代化され、豊かになっていくことにつながります。つまり都市の形成、発展という点からも、軍の存在が地域社会に大きな影響を及ぼしていることになります。

　それから、後には日清戦争、日露戦争などの対外戦争が行われますが、それに伴いその地方の出身者からも戦死者が出ます。すると師団や連隊が置かれた都市は、彼らを慰霊し追悼する空間にもなります。練兵場では招魂祭が行われ、公園には慰霊碑や招魂碑、忠魂碑などが建立されます。招魂祭では屋台が立ち並び、奉納相撲などのアトラクションが行われました。そこは慰霊と祭りが一体となった、地域住民にとってはある種の娯楽の場でもありました。

このように、さまざまなレベルにおいて、軍隊と地域社会や住民とは、非常に密接な関係にあったのです。
　のちに第一次世界大戦後になると、軍縮が世界的に叫ばれ、日本でも陸軍の四個師団が廃止されることになります。そのとき廃止が予想された師団や連隊の所在地では、住民から廃止反対運動が起こります。もちろん軍隊がなくなるのですから、経済的なダメージが予想されます。しかしそれだけが理由ではなく、軍と地域との間にいま述べてきたような密接な関係性が存在していたことが、反対運動にも結びついたのではないでしょうか。
　以上のように、国家、社会、国民が成長し発展していく上で、日本全国に網の目のように張り巡らされていた軍隊は、その先導役として非常に大きな役割を果たしていたのです。

5．人を「殺す」組織から人を「生かし、活かす」組織へ
　　――死、生と軍

　さて、そもそも軍隊は対外戦争を担い、内乱の鎮圧など国内秩序の維持に任ずる組織です。権力の代行者として軍が動くとき、そこには多くの死者、犠牲者が出ることになります。ことに王や貴族などの伝統的な権力主体は、支配の拡大を求めて軍隊を動かすことが多かったため、敵味方を問わず、また戦場となった地域の住民も含めて多くの死者が発生しました。
　戦争は、基本的に殺すか殺されるかの死闘の場です。特に前近代の指導者たちは、自らに従う者、あるいは敵対する者に多くの死を与える権力主体であったといえます。
　ところが18世紀に入ると、ヨーロッパ各国において徐々に福祉国家という考え方が生まれ、人々の衛生、健康、寿命などへの関心が高まります。権力者の関心の力点が、死から生の問題に移り始めるわけです。つ

まり近代の権力は、人々を殺すより生かし、生を管理し制御する方向に変わっていきます。

いいかえれば、国家は国民を統合して人々を生かし、また活かすことにより、その目的をうまく達成しようとする組織になりました。そして人を活かし使うという考え方の延長線上に、国民皆兵軍隊も出現してきます。見方を変えれば、近代の軍隊は国民を統合し、統治するための国民国家の一組織となったともいえます。

19世紀には、ヨーロッパ諸国が国民国家に変わり、多くの国で徴兵制が採用され、各国民が戦争に参加するようになります。一方では、技術革新により兵器が発達して、戦死傷者が増大することになります。そこで国家にとって問題になるのが、戦争の犠牲者を減らし、被害を最小限にすること、つまり兵員と戦闘力をいかに確保するかということになります。兵士を生かし、活かし、管理して戦争犠牲者をいかに減らすか。そうした「生」の管理が、国家や軍隊にとってきわめて重要な問題となっていきます。

かつては、例えば、捕虜は殺すか、売り払うか、奴隷にするか、いわば勝った者の好きにできる戦利品でした。そうした考えや行為がだんだんと否定され、19世紀になると、戦傷病者や捕虜をいかに人道的に取り扱うのかという問題が出てきます。ルソーが『社会契約論』の中で述べている考え方などがその背景にありますが、兵士は武器を失い戦闘力を喪失した段階で、敵兵ではなくたんなる人間に戻るのだから、人間として扱い、救うべきであるという声が大きくなります。

もう一方で、武器、兵器の殺傷力の増大という現実があります。軍は兵器の破壊力、殺傷力をできるだけ高めようと努力しますが、その一方で、その開発や使用をいかに抑制するかということが重要な問題になってくるわけです。これもやはり「生」にかかわる話です。

戦争における犠牲者をいかにしたら減らすことができるのか。そうし

た動きはどういうところに表れたのでしょう。例えば、1863年に赤十字国際委員会（発足当初の名称は、負傷軍人救護国際委員会）が設立され、翌年にはいわゆる赤十字条約が結ばれました。1907年のハーグの万国平和会議では、捕虜の取り扱いを規定した陸戦の法規慣例に関する条約が採択され、1929年にはいわゆる捕虜条約が締結されました。こうして戦争被害を最小限に食い止めるための国際法の整備が徐々になされてきたのです。

　軍隊内においても軍医・衛生兵制度の整備が、急速に行われていきます。こうした医療の体制が整っていれば、おそらく救える命はたくさんあったわけですが、それらが十分ではなかったからこそ、赤十字国際委員会と各国の赤十字社が誕生したわけです。赤十字社は民間の団体ではありましたが、敵味方を問わずに戦傷病者を戦地において救護する組織でしたので、軍との密接な関係の中で活動することになりました。

　このように19世紀に入って、国家や軍隊が戦死傷者の問題に非常に敏感になってきた背景には、戦場の悲惨な様子が新聞、通信などのメディアを通して、兵士たちの本国の家族、国民に伝えられるようになってきたことがあります。メディアの発達が、国のために出征した夫や息子たちの安否を気遣う家族、友人たちに、戦争をより身近なものにしたのです。

　それゆえ戦場で自分たちの愛する夫や息子たちがきちんとした扱いをされていないと知れば、それは当然、政府に対する批判を呼び、さらには国民の士気にもかかわることになりました。その意味で、戦争被害者をいかにして最小限にすることができるのかは、近代国家あるいは近代軍にとって非常に重要な問題となったのです。

　このようにして、軍隊は多くの人の「死」を生み出すことだけに精力を注ぐのではなく、むしろ多くの人の「生」、生きる、活かすということに重大な関心を払う組織への変貌を余儀なくされることになりました。

そして明治新政府と日本の近代的軍隊も、西洋において顕著となったこうした軍事をめぐる最新のトレンドの影響を免れることはできませんでした。それが1877年（明治10年）に、日本赤十字社の前身である博愛社が設立された所以です。博愛社は西南戦争において敵味方の区別のない救護活動に従事しましたが、このように世界標準を意識する日本軍においても、かなり早い段階で西洋をモデルとする人道主義が導入されていたのです。

6．軍隊と社会・国民との一体化
──日露戦後の良兵即良民主義の登場

　ここまでいろいろな局面をみてきました。明治新政府によって創設された日本の軍隊は、近代化の推進力となった組織でしたし、国民統合のための組織でもありました。やがて日清・日露の両戦争に勝ち、日本の安全と独立が確保され、明治初年以来追求されてきたそうした国家目標が達成された段階においても、軍の役割・機能は基本的にはほぼ変わりませんでした。

　つまり軍隊と国民・社会との一体化という観点からいえば、その底流にあった基本的な考えは、軍隊・軍人を一般社会から切り離された上位に位置する特別な存在とみなし、軍隊を活力ある組織体にするためには、その軍事的価値を社会に広め、それによって社会や国民が変化しなければならないという、軍隊を主体とし、社会と国民とを客体とする考え方でした。

　しかし、そうした考えにも、当時の日本の国力を賭した日露戦争の経験を経ることによって、変化の兆しがみえ始めてきます。それが後年首相となった若き日の田中義一陸軍中佐の唱えた良兵即良民主義であり、やがて日露戦争後の軍隊教育の指導原理となっていきます。

　それは、軍人精神をよく会得した者が良き国民になれるという、軍の

価値を国民や一般社会に広げようとする限りにおいては、それまでの軍内における支配的な考えを基にしたものでした。しかし田中の考えによれば、実はそれにとどまるものではありませんでした。今後予想される戦争において、その重要性を増すと思われた在郷軍人を含む兵士の質の向上と、現役兵だけでは不足すると見込まれた兵員数の確保の必要性という日露戦争の教訓にもとづくとき、軍隊の強弱を大きく左右する兵士の質を維持し向上させていくためには、兵営での教育・訓練だけでは不十分であり、兵営外での国民と社会の在り方、その軍隊との連繋がますます重要となる、というのが田中の考えでした。つまり、「良民は即ち良兵であり、良兵は即ち良民といふように、軍隊と国民とを一層緊密の関係に置く必要がある」ということでした。

　それゆえ国民・社会の在り方や国民教育との連繋にこれまで以上に目を向ける必要性が生じたのであり、その意味で、国民と社会はたんなる客体としての存在以上のものと認識されつつあったのです。そこで田中は、義務教育―青年団―兵役―在郷軍人会という、軍隊教育と義務教育、社会教育との連繋を意図した教育システムを構想し、その実現に奔走します。したがって、そうした田中の構想を採用した軍は、人を活かし、兵士を活かすために、これまでの社会と国民へのアプローチの仕方に修正を加えることにしたといえます。

　軍全体がそうした方向に舵を切った背景には、さらに軍だけが近代化の先頭を行く最先端の組織ではなくなってきたという事情もあります。例えば、学校教育が整備され、就学率が高くなるにつれて、国民の知的水準や意識が高まるなどの変化もありましたが、大正デモクラシーという社会状況の中では、それも軍に変化を促す大きな要因となったのでした。

7．良兵即良民主義から良民即良兵主義へ
――第一次世界大戦後の軍と社会・国民

　こうして社会、国民のありようが変化する中で、軍と社会・国民との関係の深化をさらに推しすすめ、転換を促す大きなきっかけとなったのが、第一次世界大戦の衝撃でした。それは、大戦が史上初めての国家総力戦になったという戦争形態の変化とともに、大戦（民主主義の勝利とロシア革命の勃発により終戦を迎えた）からの触発を受けた大正デモクラシーの高揚という、二重の意味における大きな衝撃に、軍が直面したからでした。

　軍内には次のような声が澎湃として湧き起こってきました。すなわち、軍隊や軍人は社会から孤立してはならない、むしろ自らを新しい社会環境に適応させなければ複雑・高度化した技能を必要とする軍隊を維持したり、効果的な任務遂行に必要な人材を得ることはできない、軍隊・軍人は社会一般に通用する価値観、常識をもたなければならない、まずは軍隊の方が伝統的な考え方や行動様式を修正しなければならない。

　臨時軍事調査委員として第一次世界大戦研究に従事した某陸軍大佐の言を借りれば、それらの新しい認識は、軍がこれまで「統帥権の殻に籠り国民と離れて」いた点を反省し、「もっと『国民と共に』というように改めなければならない」ということでした。

　このように、軍内では従来とは異なるベクトルで、軍隊と国民・社会との一体化を求める考えが強まってきましたが、そこにおける新たな軍隊教育の方針が、良民即良兵主義と呼ばれるものでした。つまり、良質な国民がいてこそ良質な兵士が育成しうるという考え方に転換したのです。「良民」と「良兵」の位置関係が、それまでとは逆になったわけです。

　ところで、第一次世界大戦がもたらした二つの衝撃について、さらに補足しておきます。それは、国家総力戦という新しい戦争形態の出現の

衝撃と大正デモクラシー状況の高揚という衝撃の、それら二つの衝撃への対応に大きな共通性がみられるということです。つまり、いずれにおいても国民の存在感が高まり、相対的に軍事の比重が低下する中で、これまで以上に軍隊と国民・社会との一体化が求められたということであり、軍人が非軍事的分野へも問題関心を拡げ、一般常識をもち、国民・社会とともになければならない、という認識に結びつくものであったということです。

　軍人であると同時に国民であり社会人であるという、今日においては当たり前だと思われるかもしれませんが、そうした新しい将校の姿への変化が強く意識されたということです。それはまさしく、第一次世界大戦後の新しい時代や環境に見合う軍の変化でした。

　これまでのお話をまとめますと、近代の軍隊は、まずは近代化を牽引する組織でした。それゆえ権力側からの国民統合組織でもあったわけですが、国家の近代化がすすみ、日本の独立を脅かす国際環境が改善されるなど、国家と軍をとりまく内外環境はやがて大きく変化します。そうした中、第一次世界大戦の衝撃によって軍をとりまく環境はさらに劇的に変化し、そうした環境の変化を受けて、軍はあたかも一個の生命体のように姿を変えて適応しようとします。また、そのように組織を変化させていくことによって、軍自身の存在価値を維持していこうとしていたわけです。

　環境の変化に応じていくわけですから、軍はその時々の社会的価値や思想などをできるだけ吸収していかなければなりません。そして軍隊の構成員である兵士はすなわち国民ですので、その国民をいかに生かし、活かしていくのかが、軍隊の力を維持・向上させ、活力ある組織にしていくためには必須であったわけです。また、それらを可能にする組織に変化させるべく、日本の近代軍は努力を傾注していたのです。

8. 昭和期の軍隊の大きな変化
——「国家の軍隊」「国民の軍隊」から「天皇の軍隊」へ

さて、これまで述べてきました明治・大正期の軍の姿は、昭和期に入ると大きく変化していきます。残された時間が多くありませんので、その点についてのお話はいくつかの点だけに絞らせていただきます。

近代日本の軍隊は、一般的に天皇の軍隊と呼ばれています。それは、軍が大元帥である天皇に直属している組織であることからくる呼び名であり、その意味では当然の呼称です。しかし、そうした呼び方やイメージは、あまりにも昭和戦前期の軍隊の姿に引きつけ過ぎてはいないでしょうか。天皇の軍隊という呼称が当たり前のものだとするならば、なぜ昭和期においてことさら強調されなければならなかったのでしょうか。それ以前の時代ではどうだったのでしょうか。

これまでお話してきましたように、明治以来の日本の近代軍は、国家の独立と発展を担ってきた組織であり、基本的には「国家の軍隊」でした。それゆえ明治・大正期の軍人たちは、自らの軍を「国軍」と通常呼び習わしており、国家の守護に任ずる者として国家への強い忠誠心をもっていました。ですから「皇軍」という呼び方は明治・大正期においては必ずしも一般的ではなく、それは昭和期に入りよく使われるようになったものです。

明治・大正期の国軍は、時代の変化や軍をとりまく環境の変化に適応するために、国民や社会との関係のあり方に注意しながら、それとの連携や一体化を模索してきました。当初は軍隊の価値を社会や国民に広めていこうとしましたが、第一次世界大戦を境にして軍隊はたんにその価値を押しつけるのではなく、むしろ社会の価値や国民の動向を軍にも取り入れる、いわば双方向の軍隊に変わろうとしました。そうした変化にともない、軍は自らのアイデンティティを「国家の軍隊」としてだけではなく、「国民の軍隊」とも認識するようになりました。そこにおいて

は、国民は軍にとってたんなる客体ではなく、むしろ主体的な存在として捉えられていたのです。

　ただし第一次世界大戦が国家総力戦となり、これからの戦争が国家総力戦になるだろうと予想されたことは、「国家の軍隊」としての日本軍に、それまでにはなかった新しい課題、つまり国家総力戦を戦い抜けるだけの新たな内外体制をつくり出していくことを、新しい役割として求めることになりました。それこそが、昭和期に入ると軍が政治介入の度合いを強め、日英米協調体制としてのワシントン体制に代わる新しい東アジア国際秩序の構築と、政党内閣を否定する新しい国内体制をつくり出そうとした、国内外における革新へ向けての動きの出発点となった動因でした。

　そしてそれらを実現するために、軍は強い政治的影響力を発揮したわけですが、その際に用いた大きな武器が統帥大権、統帥権の独立であり、天皇との直接的なつながりを強調する「天皇の軍隊」（皇軍）の姿であったのです。そのように「天皇の軍隊」をことさら強調することは、それまでにはみられなかった新たな軍の動きでした。しかし、その点を強調すればするほど、軍は独りよがりな存在になりがちとなって、事実上国家と国民からの距離が遠くなり、「国家の軍隊」と「国民の軍隊」という側面は、後景に退くことになりました。軍が標榜する軍事的価値と目標がなによりも追求され、またその実現を期すことになったからです。

　そうした昭和戦前期の軍の姿が端的にあらわれたのが、太平洋戦争末期でした。1945年8月に、徹底抗戦を叫んでいた軍の主張を退け終戦を可能にしたのは、よく知られているように、内閣でも議会でもなく、天皇のご聖断でした。天皇の終戦のご聖断によって、軍はやむなく戦闘行動を中止して、敗戦を受け入れたのです。それはまさに、「天皇の軍隊」としてあった昭和戦前期の軍の姿を象徴する出来事でした。

　しかしそれはある意味では、明治期以来近代的な軍隊として発展して

きたはずの日本軍が、いつの間にか、あたかも前近代的な「国王の軍隊」に変質してしまったかのような姿であったといえるのかもしれません。こうして近代軍としての日本軍の生命は、ここに終わりを告げたのです。

　余談的ですが、今日のお話の最後にエピソード的なお話をして、講義を締めくくりたいと思います。第一次世界大戦後の軍が問題関心を拡げ、さらに国民とともに歩む軍をめざそうとしたことを、先ほどお話させていただきました。実は昭和期の軍による政治介入の要因の一つはその点にあったといえます。例えば、二・二六事件という有名なクーデター未遂事件がありましたが、事件を主導した青年将校たちは、1920年代に新しい時代の軍学校教育を受けてきた人たちでした。当時の農村の悲惨な状況に目を向けた彼らの問題関心の拡がりは、ある意味ではそうした新しい教育の成果であったといえます。ただ、それが事件に結びついたとすれば、それは「国民の軍隊」論の負の側面であったともいえましょう。

　ただしそれは、「国民の軍隊」論が近代軍の在り方として否定されるべきものであるということにはならないでしょう。それは近代的な軍である以上、やはり国民・社会と離れては存在しえない組織であるからです。話は飛びますが、戦後の自衛隊は、戦前の旧軍の反省の上に立ってつくられました。そして今日その自衛隊の姿をみるときに、実はそこに「国民の軍隊」論の一つの表れをみることができるのではないかと思います。

　以上、これで講義を終わらせていただきます。ご静聴ありがとうございました。

宗教の組織と政治の組織

田上雅徳

> （たのうえ　まさなる）慶應義塾大学法学部教授。1963年生まれ。慶應義塾大学大学院法学研究科博士課程単位取得退学。専門は、西洋政治思想史。著作に『初期カルヴァンの政治思想』（新教出版社、1999年）、『入門講義 キリスト教と政治』（慶應義塾大学出版会、2015年）などがある。

はじめに

　慶應義塾大学法学部の田上雅徳です。よろしくお願いいたします。最初に私自身の自己紹介を兼ねながら、少しずつ本題に入っていこうと思います。

　私は法学部の中でも、政治学科というコースに属しています。専門は西洋政治思想史です。西洋政治思想史とは、ヨーロッパやアメリカで生きる人々が、政治という人間の営みをどのように考えてきたのかを扱う学問です。法学部に所属していながら、私が六法全書を手にすることはまずありません。したがってアウトサイダーの法学部教員ということになるかもしれません。しかも、研究対象にしているのは古い時代のものです。

　2018年6月12日、ドナルド・トランプ米大統領と金正恩朝鮮労働党委員長が、シンガポールで米朝首脳会談を行いました。その際に、2人がどういう政治哲学や政治思想を抱いてシンガポールに赴いたのかを論ずる有識者のコメントが、新聞や雑誌で散見されました。こうしたコメントを読むと、「なるほど政治思想の研究というのは今日でも役に立つん

だな」と思われるかもしれません。けれども、私が関心を向けているのは、現代的意義なるものを語りにくい。というのも、中世や近代初期に生きたヨーロッパの人々が、政治権力者や国家と呼ばれるものをどう理解してきたのかを、研究対象にしているからです。したがって、先ほどアウトサイダーの法学部教員を気取りましたけれども、さしずめ私はアウトサイダー中のアウトサイダーということになるのかもしれません。

しかし、自虐を重ねるのも癪です。古いことをやってきた人にしか語れないお話というものもあるでしょうし、それがもしかしたら、「生命の教養学」と題されたこの科目を熱心に受講している皆さんに示唆を与えることが、あるいはできるかもしれません。

皆さんがエンジョイしてくれるようなお話になるといいな、と考えています。

さて今回、授業を担当するにあたって、教養研究センターから「出講依頼状」というものを昨年いただきました。そこには、次のような一節がありました。

> 来年度は、「組織としての生命」をテーマに選びました。この場合の「組織」とはorganization のことです。生物学的な意味での組織は生命の条件であり、あるいは生命そのものであるとも言えますが、同時に生命をある枠の中に限定し、制限し、場合によっては破壊します。「生命」と「組織」というふたつの概念を社会的・政治的な文脈に置いても同じことが言えるように思われます。

これを読んだとき私は、生命に対して「限定」や「制限」そして「破壊」を引き起こすものとして組織をとらえる考え方に、特に興味を抱きました。というのも、考えてみれば、西洋における社会や企業など共同体の歴史はある意味で、それらが組織の論理から何とかして距離を取ろ

うとし、むしろ生命体としての性格を身に帯びようとする試みの歴史だ、とも言えるからです。

　特に注目したいのは、キリスト教会と国家です。つまり、西洋の教会と国家にはそれぞれ、「私の方こそ生命体なのであって、相手の方はただの組織に過ぎません」という主張を相手にぶつけてきた経緯があります。そこで本日は、教会と国家のそうした応酬の積み重ねが西洋政治思想の歴史の一側面だ、という見方を提案したいと思っています。

　話の中では、「組織」という言葉を、「機械」「メカニック」「機構」「制度」という概念に引きつけて用いることにいたします。これに対して、「生命」という言葉を、「有機体」「身体」「人体」という概念に引きつけます。すわりのいい言葉なので、「生命体」という言葉を多用しますけれども、ここで言う「生命体」は、「有機体」「人体」「身体」とほぼ同義だとお考えください。

1. ふたつの非・自発的結社

　皆さんの家の近くにも、教会という看板を掲げた建物があるかもしれません。多くの場合、とんがり屋根になっていて、その上に十字架が乗っかっている建物です。今日の日本では、教会は、キリスト教徒たちが自分たちの宗教活動を行うための施設ということになっています。例えば、キリスト教徒は毎週日曜日に礼拝という宗教活動を行います。カトリックではミサと言うのでしょうが、複数のキリスト教徒が集まって礼拝を行う。そのとき、雨露にぬれることなく一定の時間、彼ら彼女らが落ち着いて礼拝を行うための建物が必要となってきます。

　したがって日本の場合、キリスト教徒たちは自分たちでお金を出し合い、建物を取得します。また、その教会で「牧師」と呼ばれる聖職者たちにサラリーを支払うべく、献金をします。このように、今日の日本における教会は、キリスト教の宗教活動を行いたい人々が、自分たちの自

由な意思でこれを立ち上げて運営するものになっています。自由意思で形成されて、維持される共同体。これを自発的結社（ヴォランタリー・アソシエーション）と呼びますけれども、日本において、そして今日の世界の多くでは、キリスト教会は自発的結社として社会に存在しています。そして、そのことを私たちは当たり前なこととして受け止めています。

　しかし、西洋では事情が異なっていました。

　そこでは長いこと、教会は自発的結社とは見なされませんでした。西洋の人々にとって、教会は自発的に選ぶ対象ではなく、「そこに産み落とされる」ものだったわけです。どういうことかと言いますと、西洋世界では長らく、人はオギャーと生まれたら、親御さんによって直ちに近くの教会に連れていかれます。そして、そこで洗礼（バプテスマ）を受けます。聖職者が、「神の祝福があるように」等々ありがたい言葉を述べて、生まれたばかりの赤ん坊の額に水を数滴たらす。映画などで見た人もいるかと思いますが、これが「幼児洗礼」と呼ばれる儀式です。

　この幼児洗礼を、物心もつかず、自由意思も持たないときに、西洋の多くの人々は受けてきました。いまでも受けています。こうして、西洋人はいつの間にかキリスト教徒とされてしまいます。そして、いつの間にか教会のメンバーとされてしまいます。教会に「産み落とされる」とは、こうした様子を指し示す表現です。

　このことを、次のように言い換えて説明してもよいかもしれません。「いや、たとえ幼児洗礼を受けているにしても、そんなのは俺の意思に基づいたものではない。赤ん坊のときに受けた洗礼は形式に過ぎない。だから、俺は自覚的に教会を選んで、そこであらためて内実を伴った洗礼を受け直したいんだ」などということを、西洋の人々は普通想定しなかった、ということです。もちろん、「形式的な幼児洗礼ではダメであって、自覚的に特定の教会に自分の意思で帰依したい。その証しとして

もう一回、成人洗礼を受けさせてくれ」と主張する人が、全くいなかったわけではありません。例えば、キリスト教の歴史で「再洗礼派」と呼ばれた人々です。16世紀に話題になることの多かったグループですけど、当時の教会と国家は協働して、この再洗礼派を弾圧しました。多くの場合、再洗礼派の人々は死刑に処せられています。

　こう述べると、次のような疑問が生じるかもしれません。「幼児洗礼を受けただけで『自分はもうキリスト教徒だから、死んでも救われる』と開き直っている人たちよりも、再洗礼派の人々の方が真面目じゃないか。なのに、なぜ、この『意識高い系』のキリスト教徒たちの方がかえって刑罰の対象になるのだろうか」。今日のお話の本題にかかわる、大切な問いです。

　この問いに対して、昔の西洋人は次のように考えてきました。「幼児洗礼に飽き足らず、成人洗礼をもう一度受けたいと考える人々は、自分がある時代・ある場所に生まれてきたことを当たり前とは見なしていない。むしろ彼ら彼女らは、私たちとは異なる価値観や理想に基づいて、自分の生きる場所を選びとろうとするのだろう。だとすると、こうした人々は目の前にある社会に対して決して従順ではない。彼ら彼女らは、その人個人の価値観や理想のもとに社会を作り変えようとしている輩なのだ」。つまり、今日的な言葉で言いますと、再洗礼を主張する人々は、「社会の変革者」、さらに言えば、「無政府主義者」ということになります。ですので彼ら彼女らは、単に教会から「面倒くさいやつ」とされただけではなく、国家や都市の政府によっても、治安を乱す恐れのある者と見なされて、厳しい処罰の対象となりました。

　さて、これまで西洋の人々にとって、教会は長らく、選ぶものではなくて「そこに産み落とされる」ものだ、という話をしてきました。ところで、本人がそこに加入する意思を持っているのか否かを確認することなく、生まれてきた以上、本人の意思とは関係なく、そこに組み込んで

メンバーシップを与える共同体を、私たちはもうひとつ知っているはずです。

　それは何か。国家です。

　亡命や移民などの重要な例外はあるにしても、圧倒的多数の私たちにとって、「国家」もまた選ぶ対象ではなく、「そこに産み落とされる」ものです。気が付いたらそこに生まれ育っていて、18歳になると選挙権という正式なメンバーシップの取得が認められる。それが国家です。当たり前の話だと思われるかもしれません。けれども、このとき政治思想的には看過できない問題が生じます。

　再度確認しますと、人間が生まれる。するとその人は、特定の国家のメンバーとされるわけです。けれども、西洋においては、その彼もしくは彼女が同時にキリスト教会のメンバーともされました。このときその人は、当然ですけど、分割不可能なひとりの人間です。ところで、国家と教会が、彼もしくは彼女に求めてくるものが一致していれば何も問題はありません。けれども、政治と宗教とでは通常、ひとりの人間に対して期待するものが異なっています。例えば戦争の場合。国家はそのメンバーに対して、ほかの国家のメンバーを殺せと命じます。しかるに教会は、原則として「汝、殺すなかれ」という戒めをメンバーに突きつけます。

　ここに浮かび上がってきたこと。それは、メンバーシップの衝突です。一人の人間をめぐる国家と教会との綱引き、と言ってもよいでしょう。国家も教会も、自分だけに忠誠心を抱いてもらいたい。教会からすれば国家ということに、国家からすれば教会ということになりますけれども、お互いのライバルに惑わされることなく、自分だけに愛着を覚えてほしい。そこで、綱引きが生じます。

　そして、この綱引きの中で西洋史には興味深いことが生じました。それは、国家と教会の双方ともが、「自分は生命体である」と主張するこ

とです。「自分は相手と比べてより身体的なのだ」と、国家と教会それぞれが人々に訴える。これは、「相手ではなく、我が方によりコミットしなさい。そうすれば、あなたの生を十全に開花できますよ」というアピールを、国家と教会が共に行っていることを意味します。その際、アピールに説得力を持たせるべく、ふたつの当事者それぞれが理論を洗練させたことが、西洋における政治思想の歴史にダイナミズムをもたらすことになりました。

2．「生命体」をめぐるせめぎ合い、その歴史

　先ほど、今日の日本では教会が自発的結社して位置付けられていると述べました。ところで、日本を含む多くの国家では、自発的結社としての教会に特別な地位を認めています。例えば、教会に対して宗教法人格を与えて、その活動に原則として課税しないようにします。こうした特権は、同じ法人であっても企業には通常認められません。

　税金を課さないわけですから、国家の側も宗教法人の認定に当たっては、非常に厳格になります。宗教法人格を求めてくる団体に対して、都道府県にある対応窓口では、大量の書類を提出するよう求めます。このとき、宗教法人格を望んでいる教会は、県や国が管轄する組織として扱われています。冒頭で触れたように、意思決定の制度や財務などの面で、問題がないかどうかを「お上」からチェックされる組織です。逆に言えば、ある教会がどんなに地域に住む人々の魂を健やかにしているとしても、その教会が書類の書き方を間違えている場合、あるいは提出書類に不備があった場合、残念ながら宗教法人としては認められません。

　けれども西洋の教会は、自治体や国家の管理監督を受ける一組織という地位に常に甘んじてきたわけではありません。むしろ、西洋で根強かったのは、「教会は、人間が書き起こした法律によって、その存否が決定される組織ではない」という理解です。そして、そう主張するとき、

有力な論拠のひとつになってきたのが「教会はむしろ、生命体そのものなのだ」という考え方でした。つまり、古来より生命体のイメージで自分たちの説明を行い、行政システムの一部という立場に甘んじようとしなかった共同体こそ、教会にほかならなかったわけです。

敷衍いたします。いまから2000年も昔のパレスチナで、イエスという人物が十字架上で死刑に処せられました。そのイエスが復活したということで、あらためてイエスを救い主すなわちキリストとして、礼拝の対象とする。現象としてみれば、こうした経緯で誕生したのが教会です。けれども教会は初期のころから、自分たちの本質について考えを積み重ねる共同体でもありました。そして、最も妥当性が高いと評価されることになった、教会の本質にかかわる自己認識こそ、「教会は、キリストの身体である」というものにほかなりません。

「教会は、キリストの身体である」という命題は、初代教会の伝道者であるパウロが新約聖書「コリントの信徒への手紙一」の12章で述べたところから導かれています。パウロは言います。「あなた方はキリストの体であり、また一人一人はその部分です。神は、教会の中にいろいろな人をお立てになりました」。ここにあるように、イエスを頭として、キリスト教徒を、手、足、目、あるいは口と見なす。こうした説明に依拠しながら教会は、自分自身を生命力に満ち、かつ調和を実現している共同体だと、人々に教え込んでいきます。

なるほど、教会員の間には、性別の違い、貧富の違い、体力面での違い、頭のよしあしの違い、あるいは民族の違いもあるでしょう。けれども、手や足、心臓、胃腸というのは、それぞれ果たすべきファンクションは違っていても、結局のところひとつの身体を成り立たせている。同じことが教会にも言えないはずがない。メンバーに多様性はあっても調和を実現できるし、むしろ多様性の調和が実現していることをもって、その身体は生命力に満ちていると言っていいのではないか。教会をキリ

ストの身体とする見方の背景には、聖書に由来する、このような理解が存在していました。

　後になると、「キリストの身体は、普通の身体ではなく、神秘的な身体なのだ」と教会は言い出して、そこから面白い概念の混乱が生じます。それはともかく、このキリストの身体というイメージは、教会員たちが、パンとぶどう酒を共に分け合って飲食するという聖餐（ユーカリスト）という宗教儀式を通じても、いっそう補強されることになりました。

　聖餐という宗教儀式を、私は重視する立場にあります。というのも、聖餐が指し示しているのは次の点でもあるからです。つまり、宗教的かつ抽象的な理想や理念に対して、頭や心でコミットすることだけを教会は重んじたわけではない、ということです。飲み食いを必要とする生身の体にもアピールする儀式をも準備しておく。そして、それらを通して生命力をメンバーに実感させようとする。こうした宗教の共同体が有する求心力は強いです。だからこそ、古代末期に西ローマ帝国が崩壊して大混乱が西洋の地に生じたときも、教会はしぶとく生き残りました。そして、教会は古代の文化や文明を次代に伝えていくことができました。

　ところが教会史の進展と共に、変化が生じます。

　歴史の教科書では、「中世になると、教会とその指導者のローマ教皇の社会全体に対する支配力は大きく強まった」と習います。実際そのとおりなのでして、教会の社会的プレゼンスは西洋で強まっていきます。もちろんその背景には、これまで述べてきたように、教会が生命体のイメージにも依拠しながら、人々をひとつにまとめてきた実績が関係していました。けれども、時間の経過の中で、社会的プレゼンスを強めていく教会の当局者の間に、ひとつの別のアイデアが浮かび上がってきます。

　生命体のイメージに依拠することで、生命力と調和に満ちた共同体を信じさせることに、教会はひとまずは成功しました。しかし、当たり前の話ですが、現実の西洋中世社会にはトラブルや紛争がたくさんありま

す。それらの紛争やトラブルに対して、教会は、「私たちはキリストを頭とする身体なんだから調和し、和解しなさい」とお説教することはできます。けれども、紛争の当事者たちが説教に納得し、お互いがお互いを「キリストの身体」を構成するものとして尊敬し合うまでには時間がかかります。これをそのままにしていたのでは、その社会に管理監督に責任を有している教会の信頼性が低下しかねません。

　そこで、教会は、スピーディーかつ妥当性の高い紛争解決を図るべく、ひとつの方向性に舵を切ることになりました。法や制度、あるいは問題解決にかかわるルールを以前にもまして整える方向性です。

　ところで、中世社会で生じるトラブルと言っても、その多くは、今日では宗教とは無関係に処理されているものです。例えば、婚姻にかかわる紛争があります。結婚や離婚にかかわるトラブルは、今日では一般的に家庭裁判所などで扱われます。しかし西洋中世においては、離婚や結婚というのは第一義的には宗教上の問題でした。こうしたところに住民のほぼ100％がキリスト教徒だった西洋社会のユニークさが見て取れるわけですけれども、そこでは、世俗の裁判官ではない聖職者たちが、「この結婚は有効だ」「この離婚は無効だ」などという判断を下していたわけです。

　そして、持ち込まれる案件への対応を積み重ねるうちに、教会は知らず知らずのうちに巨大な法組織になっていきました。このことを象徴しているのがローマ教皇です。「13世紀になると、ローマ教皇の権能は絶頂に達した」とも歴史の授業で習います。また、「絶頂に達したローマ教皇の権威を代表するのがインノケンティウス３世だ」とも習います。ところで、このインノケンティウス３世は、非常に優秀な法学者でした。そして、実はこの13世紀、インノケンティウス以外にも、ローマ教皇の椅子に法学のエキスパートたちが座ることになります。

　さて、教会の側のこうした変化に対して、中世の時代が進んで来ると、

今度は国家の側が次のようなアピールを強めていきます。平たく言ってしまえば、「四角四面の法組織になり下がった教会とは違って、私たち国家の方こそが本家本元の生命体なのだ。だから、教会に忠誠心を抱いて生きるよりも、国家に忠誠心を抱いて生きることの方が、よほど生命としてのあなたを生かすことになるのだ」というアピールです。

　しかも、このアピールを国家の側が行うに際しては、「国王は国家の頭であり心臓だ。そして、その国民は手足だ」という、教会において見られたアナロジーが、ほとんどそのまま流用されました。例えば、15世紀に活躍したイングランドの法学者にジョン・フォーテスキューという人物がいます。彼は、イングランド全体をひとつの身体とみなし、「法律というのは、この身体をひとつに結び付ける神経だ。そして、公共の精神というのは、そこに生命を与える血なのだ」というアナロジーを用いて、国家であるイングランドを語っています。

　もうひとつ言うならば、その後イングランドは、エリザベス1世の時代に絶対主義に本格的に歩み出すわけですが、この時代、「家来が支配者について判断をくだすのは、足が頭について判断をくだすのと同様に不敬虔である」という言説が広まりました。生命体としてのイメージに依拠しながら、近代と呼ばれる新しい時代に、西洋の国家は歩み出そうとしたわけです。

3．「生命体」としての共同体観、その惰力

　生命体のイメージで、共同体の正当性をアピールする。逆に言うと、ルールによって結び付けられた組織という側面が重んじられる共同体を、何か人間にとって本来的ではないと見なす。こうした事例を西洋史の中で確認いたしました。「科学的な思考が未発達だと、人間はこういう考え方に走るものなのか」という印象を抱いた方もいるはずです。けれども、ここでのお話は、それこそ中世や近代初期のものであり、近現代へ

と歴史が進むにつれて私たちとは無縁になってしまうのでしょうか。

　生命体のアナロジーを駆使して自らの共同体を説明する努力を、教会は近現代に入っても持続させた。そう述べてよいかと思います。根拠となる「コリントの信徒への手紙一」はキリスト教の正典に含まれているわけですから、このことは当然と言えば当然です。

　ひとつ例を紹介すると、20世紀初めのオランダに見られた議論で、あるプロテスタント教会の指導者は、「教会において人間は、自分が有機体を構成していることを実感できる。つまり、教会は人間にとって本来的な共同体なのだ」と言います。そしてこのプロテスタント教会の指導者は、「国家や政治というのは組織の論理で動く。例えば教会という有機体の中で機能不全が生じた場合、あるいは教会同士にトラブルが起こった場合、そのとき国家は法組織としてアドホックな介入を行って、有機体を有機体として現状復帰させればいいのだ」と論を展開していきます。

　もう一方の国家の方も、近現代になっても、生命体として自己を見なすことから完全に無縁になったわけではありません。科学の発達が、国家を生命体として見る見方を一笑に付したのかというと、決してそうではなかったわけです。むしろ国家は、生命体としての性格をむしろバージョンアップさせたと言ってもよい。その例となるのが、進化論に依拠した国家の見方です。

　例えば社会契約説というモダンな国家の説明の仕方を知ってしまった以上、「国家を生命体と見なしなさい」と言われても、近代人は「はい、わかりました」とは即答できません。しかし、受け継がれる生命体として国家を見ることについては、近代人は比較的無防備のようです。生命というものを、いま、ここにかかわる問題としてではなく、時間の流れの中に置かれた問題としてとらえ直す。このような新しい見方がひとたび国家論に採用されると、例えば、「生命的により進んだ国家は、より

遅れた国家を指導するのがよいのだ」という帝国主義も正当化されることになります。

　こう見てきますと、教会あるいは国家を、生命体の共同体としてとらえる見方はなかなかに根強いようです。そして、私自身は、国家や教会を生命体のイメージに依拠してとらえる見方を、「古臭い」と片付けてしまうのではなく、むしろそこから、「何が人々に生命体のイメージを追い求めさせているのか」「組織のイメージを、どうして人々は回避しようとするのか」といった問いを立てることの方が大切なのではないかと思っています。なぜか。その理由を述べることで、今日のお話全体の着地を試みてみます。

おわりに

　生命体のイメージで、国家にしろ、教会にしろ、共同体を説明する。そのときの魅力は、実態としてはバラバラで多様性に満ちたメンバーであっても彼ら彼女らに、調和を実現した人間集団として自分たち自身を思い描かせるところにあります。また、「メンバー各自が勝手な動きをするのは、むしろ病んでいることなのだ」ということを印象づける点にも、生命体のイメージの強みがあります。

　これに対して、組織の論理で共同体や人間集団を説明するのは、一見したところ科学的でモダンなようですけれども、いつの世も人々を惹きつけるわけではなさそうです。もちろん、組織の論理も、特定の人間集団を成り立たせているメンバーが多様性に富んでいることを前提にすることはできます。しかし、そこでは、多様性というものが主として機能の観点から捉えられ過ぎているように思われます。人間が何か機械の歯車のように扱われている。ですので、「自分という人間が持っている考え方や感じ方、あるいは俺の活動すべてが全体と調和したいんだ」という欲求をフォローしようとするとき、軍配が上がるのは生命体の論理な

のかもしれません。

　しかし、「全人格性」と言いますけれども、人間性すべてをフォローしようとする論理には、それ特有の危うさや息苦しさが伴います。事実、「大きな生命体である国家に対して、小さな生命体である個人を犠牲に供しなさい。それは尊いことなのです」と説くナショナリズムの言説に、政治的生命体のイメージは多かれ少なかれ貢献してきました。そしてそこから、大がかりな戦争が可能になりました。先ほど挙げた帝国主義という「前科」もそうです。生命体のイメージが教会や国家による個々人の抑圧を最終的に正当化してきた、この負の遺産を私たちは看過してよいはずはありません。

　「生命体のイメージに訴える」にしても、そのことが、いかなる場合にいかなるメリットもしくはデメリットを導きやすいものなのか。こうした問いを抱いて人間と社会に向き合うことは、今日もなおアクチュアリティを有する課題ではないかと思います。

現象と自由

斎藤慶典

(さいとう　よしみち) 慶應義塾大学文学部教授。1957年生まれ。慶應義塾大学大学院文学研究科博士課程単位取得退学。2000年、哲学博士(慶應義塾大学)。専門は現象学、西洋近現代哲学。著作に『デカルト——「われ思う」のは誰か』(日本放送出版協会、2003年)、『死の話をしよう——とりわけ、ジュニアとシニアのための哲学入門』(PHP研究所、2015年)などがある。

はじめに

今日私がお話ししたいテーマは、大きくわけて2つあります。それが「現象と自由」というタイトルに表われています。なぜ「現象と自由」なのかについて簡単にお話ししておきますと、まず、私たちの現実には、存在しているものがたくさんあります。机や椅子も存在していますし、石ころや空気も存在していますが、それらは生命ではありません。しかし、私たちも含めて、動物や植物、細菌などは、生命として存在しています。

そうすると、存在するという意味では、この現実のすべてが何らかの仕方で存在しているのですが、生命には生命に特有の存在の仕方というのがあるのではないかと、考える余地があります。では、生命に固有の存在の仕方とは、どのようなものでしょうか。それは、当該の生命体に対して世界が「現象する(姿を現わす)」ことではないかと考えたのです。

私たちの場合だと、「聞こえる」「見える」「味がする」「触れる」など、いわゆる五感を通してさまざまなものが現象するわけですが、それとは違う仕方で現象に立ち会う生物たちもたくさんいます（例えば細菌は「聞い」たり「見」たり…はしないでしょう）。しかし、いずれの場合でも、何らかの仕方で当該の生命体に対して世界が姿を現わすという事態が生命の根本にあるのではないかと考え、「現象」という主題をタイトルに掲げました。したがって、これを「生命の基本形式」の１つと考えてください。

　それに対して「自由」の方は、生命の可能性の果てに姿を現わすものと位置付けてみました。つまり、ひょっとしたら私たちは、あるいは生命体は、自由であるかもしれない。しかし、そのことを考えるためには、そもそも自由とはどういう状態なのかを考えなければなりません。

　ということで、今日は、「生命の最も基本的な在り方」と、それから「その可能性の一番果てに、自由なるものが生命の中に姿を現わすとしたら、それはどんな仕方でなのか」という、この２つの主題についてお話ししようと思って、「現象と生命」というタイトルを付けてみたわけです。

　これから本題に入っていきますが、今日の話はいろいろな文献から引用をしています。それについては、章末に掲載します。今日引用した個所の前後を正確に読んでみたいという方は、私の著書である『生命と自由』と『私は自由なのかもしれない』のいずれかに、原書のページと、邦訳書のページの細かい情報が掲載されていますので、そちらをご参照ください。

１．世界の存在構制

　それでは本題に入ります。普通私たちは、自分たちが存在している現実を、無機的な自然と、有機的な自然に、大きく分けて把握していると

思います。本節のタイトルにもあるように、「物質であること」「生命であること」を問わず、ともかく私たちの世界が存在している一番基本的な形式を「存在構制」という言葉で表現したのですが、まずはそれについて考えてみたいと思います。

それから、次節のタイトルが「生命の基本形式」になっていますが、ここでは話を「生命」に特化して、生命の基本的な在り方にはどのようなものがあるのかについて考えたいと思います。そして最後の「自由の萌芽」という節では、先ほどお話しした、「自由なるものが生命の中に姿を現わすとしたら、それはどんな仕方でなのか」ということを考察していきたいと考えています。

先ほどお話ししましたように、私たちの現実は大きく分けて、無機的な自然と有機的な自然から成っていると考えられます。そして、そのそれぞれの内部にも、異なる多様な存在の仕方が見て取れます。

例えば無機的な自然を見てみますと、一番小さな単位は、通常、素粒子や量子と呼ばれていますが、その素粒子や量子の存在の仕方と、その次の単位である〈原子核を中心にしてその回りを電子が取り囲んでいる原子〉の存在の仕方では、大きな違いがあります。

例えば素粒子だと、直接観測ができませんし、非常に短い周期で生成、消滅を繰り返しています。ところが、原子になると、比較的安定した構造を持っていて、そんなに短い周期で消滅するわけでもないし、直接観測することもできます（もちろん「直接」と言っても高性能な電子顕微鏡を使って、ということですが、素粒子の方はそれすらできません）。

さらにその上の単位を見てみると、今度は原子がいくつも寄り集まって、あるいは種類の異なる原子が集まって分子という化合物を作っています。そして、この分子の存在の仕方と原子の存在の仕方も、違っています。

それから分子の中でも、ものすごい数の分子が集まる高分子化合物というものがあり、このあたりになってくると、ここでは仮に無機的自然の中に入れてありますが、もう有機物と呼んでもよいものも含まれてきます。したがって、そのことからも分かるように、無機と有機の境というのは必ずしも明瞭ではありません。
　また有機の中でも、生命というものを認めていい有機化合物と、そうではないものが含まれています。ことほどさように、分かっているようで、実は「生命の本質とは何か」について、現在の最先端の生命科学を以ってしても、必ずしも明瞭ではありません。そのことも念頭に置いていただきたいと思います。
　この無機、有機という言葉は、英語に訳すと「inorganic」「organic」なので、いずれにも「組織」ないし「器官」(organic) という言葉が含まれています。今回の講座の総合タイトルは、「組織としての生命」でした。つまり、〈何らかの器官の集合体＝組織体〉というのが有機という概念の根本で、そうではないものはすべて無機である、ということなのです。
　さてそれでは、その有機的自然はどのような在り方をしているのでしょうか。その一番シンプルなものは、ただ細胞膜で覆われているだけで、中に核となるものも持っていません。これが、原核細胞と呼ばれているものです。それに対して、中心になる核を持ったものが真核細胞です。
　これらはいずれも単体でも存在していますが、それらが集まると多細胞生物というものを構成します。これら「原核細胞」「真核細胞」「多細胞生物」の３つをまとめて、「原生生物」と呼ぶ場合もあります。
　この原生生物は自分で動きますから、アメーバみたいなものを考えてもらえばいいかもしれません。そして動くことから、ある種の動物的組織でもあると言えるわけです。しかし、この原生生物の上に、より複雑性の高い存在秩序として、「植物的生命」が存在しています。そしてさ

らにその上には、より複雑性の高い、自分で餌を取りに行ったり、敵を発見したら逃げるなど、高度に能動的な行動をする「動物的生命」が存在しています。これらはそれぞれ、存在の仕方が必ずしも同じではありません。このような、存在の仕方を少しずつ異にするさまざまな存在者のレベルから、私たちの現実は成り立っているのです。では、このそれぞれに異なる存在の仕方の間には、どんな関係があるでしょうか。

ここには「基付け関係」という、ある独特の関係が成り立っていると、私は考えています。基付け関係という言葉は、聞き慣れないかもしれませんが、ドイツ語では「Fundierung」、フランス語では「fondation」、英語では「foundation」と訳されるもので、もともとは論理学の用語として登場しました。

マイノング（1853-1920）は、19世紀の後半から20世紀の初頭にかけて活躍した、ドイツ＝オーストリア学派の論理学者ですが、その彼に由来する言葉です。彼がこの言葉で指し示そうとした関係概念は、現象学と呼ばれる哲学の一分野を創設したエトムント・フッサール（1859-1938）という人に受け継がれました。

そして、そのフッサールに学んで、第二次世界大戦後のフランスで活躍した哲学者モーリス・メルロ＝ポンティ（1908-1961）が、この論理学上の関係概念を存在論的な関係概念へとさらに発展させたのです。しかし残念ながら、その関係概念は、あまり一般化することなく、いつの間にか忘れられてしまいました。

では、この「基付け関係」がどのような関係概念なのかを、まずはメルロ＝ポンティの代表的な著作である『知覚の現象学』の一節から読み解いてみましょう。

「〈基付けるもの〉としてはたらく項は、〈基付けられるもの〉が

〈基付けるもの〉の1規定ないし1顕在態として現われるという意味では確かに最初のものであり、このことは〈基付けられるもの〉による〈基付けるもの〉の吸収を不可能にしている所以だが、しかし〈基付けるもの〉は経験的な意味で最初のものだというわけではなく、〈基付けられるもの〉を通してこそ〈基付けるもの〉が姿を現わす以上、〈基付けられるもの〉は〈基付けるもの〉の単なる派生態ではない」。

　ここで鍵となるのは、「基付けるもの」と、それによって「基付けられるもの」という2つの項の間の関係です。
　ここでは非常に抽象化されて表現されているので、1回読んだだけでは、たぶん分からないでしょう。これは要するに、自然界の存在者たちは、ある階層性のもとで存在しているということ、つまり、「支える層」と「それによって支えられる層」という、上下関係があるということです。上に位置する層と下に位置する層の関係が逆転をしない階層性（ハイアラーキー）です。けれども、普通に階層性というと、一方的に「下のもの」が「上のもの」を支え、「上のもの」は単に「下のもの」に乗っかっているというだけの関係なので、それはここで言う「基付け関係」ではありません。
　それは「基付け関係」の一側面にすぎず、「基付け関係」にはもう1つ、見過ごすことのできない重要な側面があります。この側面は、「基付けられるもの」が果たす役割に関わります。「基付けられるもの」、つまり下のものに支えられてその上に乗る階層は、自分を支えている下の階層を「含む」のです。この「含む」というのは、下の支える階層が、その上に乗って支えられている階層の指導原理に従って振る舞う＝行動する、という意味です。
　つまり、「基付け関係」にあっては、行動原理は上位の階層にあるの

です。とは言っても、上位の階層はあくまで支えられて上に乗っているわけですから、下位の階層なしでは存在できません。したがって、上位だけが存在するということはあり得ず、そういう意味で上位は下位にその存在を負っているにもかかわらず、ひとたび「基付け関係」が成立したなら、行動原理は上位の側に移行するという関係です。

　「基付け関係」にあっては、下のものが上のものを「支え」、上のものが下のものを「含み」ます。そして、行動原理が上位にあるという意味で、上位が下位をコントロールする（統御する）のです。

　具体的な例を示しましょう。自然界には酸素や二酸化炭素という原子や分子レベルの物理的存在者が存在しており、これらは大気中に入り混じり合って存在し、それぞれがランダムに運動しています。ところが、植物的な存在秩序がいったん成立しますと、それらは独特の運動をするようになります。どういうことかと言うと、植物が行なう光合成というはたらきです。すなわち、大気中に二酸化炭素という形で存在する炭素は、光合成によって植物の体内に摂取され、いわば植物の肉体を形作ることになります。他方で、同じ二酸化炭素に含まれる酸素は、植物にとっては不要なものとして大気中に排出されます。こうして、炭素と酸素が独特の振る舞いをするようになるのです。

　つまり、植物という存在秩序が成立していない次元では、炭素も酸素もただ適宜混じり合って、均等に大気中にあっただけなのに、ひとたび植物という存在秩序が成立すると、そこでは、炭素と酸素は独特の振る舞いをするようになるわけです。

　一方の炭素は植物の体内に蓄積され、他方の酸素は大気中へと排出されます。したがって、ある段階では次第に地球の大気中の酸素が増えてきて、その結果、今度は生きる上で酸素を必要とする私たちのような動物的存在者の存在が可能になるわけです。大気を持つ地球上では、このようにして生命が発展してきました。

話しを植物に戻すと、そこでは植物的秩序の組織原理に従って、炭素や酸素が独特の動きをしています。植物的秩序という上位の存在秩序が、それを支えている下位の物理的秩序に対してある影響を及ぼしています。つまり、その振る舞いを規定しているのです。
　こうした関係は、例えば先ほどお話しした、物質の一番下のレベルにある素粒子や量子、それに電子との間にも見られます。原子核や原子は素粒子からなっているわけですが、ただ素粒子でしかなかった段階では、ランダムに運動しつつ非常に短い時間で生成と消滅を繰り返しているだけだったのが、原子核ならびにその周りを巡る電子という構造体がいったん出来上がると、今度は時間的にも空間的にも相対的に安定した構造を持つことになります。その中では、素粒子自体はたえず入れ替わっているにもかかわらず、原子核あるいは原子としてのある安定した構造を持つわけです。
　そうしますと、その安定した構造を維持しているのは、あくまで上位の存在秩序である原子という存在秩序であり、この存在秩序が、下位の存在秩序である素粒子の振る舞いに何らかの影響を及ぼしているというように捉えることができます。
　こうしたことは、実は自然界のあらゆるところに見いだされるという点が重要です。その１例として、心と脳の関係にも同様のことが言えるのです。すなわち、脳は、心が脳の１規定ないし１顕在態として現われるという意味では、確かに下位にある最初のものとして心を「支え」ており、このことが心による脳の吸収を不可能にしている所以ですが、しかし脳は経験的な意味で最初のものだというわけではなく、心を通してこそ脳が姿を現わす以上、心は（脳の）単なる派生態ではない、と言うことができるのです。
　つまり、みなさんは、心で私の話を聞いて何かを意識し、「こういうことが言われているのか」と理解しているわけですが、しかしその心は、

脳なしには存在しません。したがって、心は脳という身体器官を必要とし、それに「支え」られているわけです。ところが、その脳の中で起こっているさまざまな物理的・化学的変化と、皆さんが意識して理解している私の話の内容は、まったく別のものです。もちろん無関係ではありませんが、しかし似て非なるものです。皆さんが理解しているものは、理解の対象として観念の形を取っていると言えますが、脳内のどこを探しても、観念など浮かんでいるわけがなく、脳内で見られるのは、さまざまな分泌物質や電位差なのです。

そうすると、ここでも脳は心を支える物質的、あるいは化学的な基盤ですけれども、その脳の脳であるかぎりでの作動は、心という指導原理のもとにあることになります。つまり、脳の脳であるかぎりでの振る舞いは心によって規定されるということです（このことは、脳を操作することで心に何らかの変化が生ずることを妨げるものではありません。脳は心を「支える」ものである以上、その次元での変化が「支えられる」ものに何の影響も及ぼさないはずはないからです）。脳と心の間にも、こういう関係を見て取ることができるはずです。

ただ、この心脳関係については、今でも決着がついているとは言えません。いわば係争中の問題ですので、正確に議論するためにはたくさんの時間が必要であり、今日ここでこれ以上議論に立ち入ることはできません。興味のある方は、先ほど紹介した私の著書『生命と自由』の第1章で詳しく論じていますので、ご参照いただければと思います。

次に検討するのは、支える次元、基付ける次元、下位の次元から、支えられる次元、基付けられる次元、上位の次元がどのようにして姿を現わすのか、という問題です。下位の次元から上位の次元が出現する、その発生のメカニズムをどう捉えたらよいでしょうか。

現在の生命科学は、これを「創発」という概念で捉えようとしていま

す。この創発に関しても、まだホットな議論の真っ最中で、この概念を科学的な概念として認めない科学者も一方では存在しているというぐらい、まだ係争中の概念です。しかし、ここではあえてこの概念を取り上げ、積極的に導入してみたいと思います。

では、創発とはどういう事態かと言えば、アメリカの生命科学者であるピエル・ルイジ・ルイージは次のように規定しています。

> 「より複雑性の低い下位の構成物が集合することによって、〔かつ、そこに一定程度以上のエネルギーが供給されることによって、〕より高い複雑性が実現される際に生ずる、それまでは存在していなかった新しい性質の出現」。

この新しい性質の出現というのが、「創発（emergence）」です。「emergence」は、普通には「出現」と訳すことのできる英語ですが、これを自然科学上のテクニカル・タームとして訳すときには「創発」が定訳になっています。

この創発のより具体的な姿を捉えるために、マインツァーというドイツの複雑系の科学者の文章も紹介しましょう。

> 「素粒子から星や生物に至る宇宙構造の多様性は、均質な状態の・・・・・・・対称性が破れるという普遍化された相転移として説明することができ・・・る」（強調・引用者）。

先ほど言いましたように、自然界に存在する存在者にはいろいろな存在の仕方があるのですが、いずれの存在の仕方も基本的にある安定した秩序／均衡／恒常性（コンスタンシー）を保っています（この「均衡」を、複雑性の科学やシステム理論は「対称性」とも表現します）。しか

し実際には、その安定したシステムの周辺部に、いわゆるノイズがたくさん発生しています。つまり、そのシステムの安定には何の影響もないけれど、システムの全体としての振る舞いからは外れているようなもの、そういう逸脱行動をするものが、システムの周辺部では常に大量に発生しては消えていくわけです。

　これらはシステムの全体としての振る舞いには影響を及ぼしませんから、現われては消え、現われては消えするだけなので、ノイズと呼ばれています。ところが、このノイズが、そのシステムに供給されるエネルギー量が高まれば高まるほど、出現頻度が高くなっていきます。と言っても、個々のノイズは千差万別ですから、そのそれぞれの、個別の出現頻度はいずれも非常に低いのですが、全体としてのノイズの発生量が増大していくのです。つまり、「はぐれもの」が大量に発生するというような状況がエネルギー状態の高まりとともに見られるようになり、それがある一定のところまでくると、そうした「はぐれもの」のいずれかの振る舞いがきっかけになって、そのシステム全体ががらっと再編され、まったく別のシステムに移行するということが起こるのです。

　これがいわゆる、均衡が「揺らぎ」によって破れ、新しいシステムが出現するという動向です。このメカニズムを研究するのが、システム理論なども含めた複雑系の科学です。ここで注目すべきは、安定した平衡状態が基本であるにもかかわらず、そこに過剰エネルギーが供給されることで、揺らぎの頻度が高まる点です。すると、あるとき、ついに、対称性あるいは平衡状態が破綻して、「対称性が破れる」ことになります。そのとき、システムがまったくこれまでになかった新しいものに、一瞬のうちに塗り替えられてしまいます。これが「創発」です。ここで重要なのは、揺らぎというのは個別には確率的に極めて低いものの集まりですから、その中のどれがシステムを刷新する引き金になるのかは、あらかじめ見通すことができないという点です。あらかじめ、何がどういう

状態で成立するか分からなかったものが突如出現するので、それを「新しいもの（新奇なもの）の出現」という意味で「emergence（創発）」と言うわけです。

　現代の複雑系の科学や、後でお話しする生命科学の中で、最近注目を集めているこの創発という事態が、先ほどの基付け関係のところでお話ししました、（基付けている）下位の秩序から（基付けられている）上位の秩序が出現する（発生する）際に生じていると考えることができるのではないでしょうか。

　例えばこの宇宙も、最初は素粒子や量子しかなく、しかもその素粒子の振る舞いは非常にランダムで、いずれも確率的には極めて小さいものばかりでした。ところが、ある段階で、それらの中のどれかとどれかが相対的に安定した仕方で結び付き合うようになり、原子核や原子ができるわけです。そうすると、素粒子のランダムな振る舞いの中から、いつどういう形でどういう原子が出現するのかはあらかじめ見通すことが非常に困難で、予測不可能ということになります。素粒子から原子が出現するメカニズムばかりでなく、原子から分子が出現するメカニズムも、そしてついには、単なる物質から生命が出現するメカニズムも、何らかの創発という事態を間に挟んで展開してきた可能性があるのです。

　もう一つだけ、例を挙げましょう。先ほどの心脳関係で言えば、脳の中で起こっていることを調べて、「電位差がどうなっているか」「どういう化学物質が分泌されているか」ということが分かっても、それらの物理・化学的な動向がどうして、私たちが今見ている黒板や、今聴こえている斎藤の話として意識されるのかは説明がつきません。つまり、物質から見た場合、意識というのはまったく新しい性質だと言えます。

　こうした事態をうまく捉えるための概念装置として、創発が今注目を集めていると考えていただければいいと思います。

　創発の重要なポイントの1つは、私が先ほど述べた「過剰なエネルギ

ーの供給」です。ルイージの引用文の中で、「かつ、そこに一定程度以上のエネルギーが供給されることによって」と、補った部分がそれに当たります。

　私たちの現実の根底に、このようなある種の「力」の存在を想定する必要があるわけですが、これは必ずしも物理的エネルギーとはかぎらない、という点も重要です。例えば、心脳問題で言えば、脳というのはあくまでも広い意味での物理的な存在ですが、その物理的存在から、皆さんが今その中に生きている心や意識の世界が出現するに当たり、（電位差や化学物質の分泌を惹き起こす物理的エネルギーは存在しても）意識という存在秩序を構成する物理的エネルギーは存在しません。このことをどう考えるかということです。これについて、後でもう少し詳しくお話しします。

　次に、先ほど過剰エネルギーの話をしましたが、ある種のエネルギーの存在が、物質と生命とを問わず、私たちの現実の根本に見て取れることをお話ししたいと思います。力ないしエネルギーの「昂進」という状態です。
　先ほどに引き続いて、ルイージから引用します。

　　「化学的な活性化が必要であることは、まさに前生物化学における重合反応の弱点なのである。原理的に言って、重合反応のためには〈前生物学的（な環境における）活性化 activation〉が必要であり、すなわち〔そのことは〕ある種の自発的反応が前生物的環境において存在したことを意味する」（強調・引用者）。

　重合反応とは、モノマー分子、あるいは低分子化合物が化学的に結合し、重合体（ポリマー）を合成する化学反応のことです。ルイージの引

用は、この重合反応が起こるための前提として、ある種の化学的な活性化というものが実は必要なのだ、という話です。つまり、ただモノマー分子が集まっているだけでは重合反応は起きません。同じ容器の中にいろいろなモノマー分子を放り込んでおいても何も起こらず、それらはただばらばらに並存しているだけなのです。

　ところが、化学反応が起こる場合があるわけです。それがどうして起こるかというと、そこにある種のエネルギーの供給過剰のような事態がある場合なのです。これを前生物学的な環境における「活性化」とここで呼んでいるわけです。つまり、特定の場にいろいろな分子が放り込まれ、そしてその場のエネルギー状態が高まるような事態が成立して初めて、化学反応ということが説明できるのです。その十分なエネルギーの蓄積がないと、さまざまな分子がただそこにあるだけという状態なのです。

　次の引用を見てください。

　　「受動的な局在は、膜の生成、維持、分裂といった能動的な過程にどうにかして置き換えられなければならない」（メイナード＝スミス＆サトマーリ、強調・引用者）。

　例えば真核細胞などの原生生物では、膜に囲まれた中にミトコンドリアなどのいろいろな小器官が分散しており、それぞれが特定の「空間位置」を持っています。このことを「受動的局在」と呼び、そのように「局在」するものを膜が取り囲み、その膜が維持されつつ分裂を繰り返すようになって初めて、そこに生命なり有機体なりという存在秩序が出現するわけです。そうすると、ある化学的な分子の集合体の中に、膜を形成するような動きが出てこなければならないのですが、これも先ほどと同じで、ただ単に分子化合物を一緒にしておくだけでは、膜は自動的

にはできません。すなわち、分子化合物の溶液に何かが付け加わらないと、膜は形成されないわけです。メイナード＝スミス＆サトマーリは、このことを「能動的な過程」と表現しています。

　進化の過程を考えるときにも、この点を見過ごすことはできません。カウフマンというドイツの進化学者は次のように述べています。

　　「自然淘汰だけが私たちの世界の秩序を作り出す原動力ではない。生物の世界を作り出す作業において、自然淘汰はあくまでも自発的に生み出された秩序を持つシステムに対して機能してきた」（強調・引用者）。

「自然淘汰が働くことで、種の進化が成し遂げられる」というのが進化論の基本的な考え方ですが、しかし、自然淘汰だけで進化が説明できるかというと、そうではないとカウフマンはここで述べています。つまり、ある秩序が自発的に構成された上で初めて、その秩序体に対して淘汰圧（自然淘汰）がかかるわけです。そのようにして、生き残る存在秩序とそうではないものが選別されるわけです。そうすると進化の場合も、実は、ある種の自発的秩序といった能動性を具えたものの成立が前提になっているのです。

　次に、日本の生命科学者である金子邦彦氏の言葉から引用してみましょう。

　　「外からの条件だけではコントロールできない状態を生物は内部に持っていて、それ故に〈自主的に〉振る舞うように見える」。「〔生命システムは〕〈内部状態をもった増殖系〉である」（強調・引用者）。

現象と自由　205

次節の「生命の基本形式」で詳しく説明しますが、生命という秩序体になると、内と外という区別がはっきり表われます。逆に言うと、生命のない物理的秩序においては、内と外の区別は原理的にないと考えていいわけです。例えば机は、割ってみれば確かに中が出てきますから、内があると思うかもしれません。しかし、机を構成する部分同士の関係は相互外在であって、それぞれのパーツがほかのパーツの外にあり、それらが並存しているにすぎません。そういう相互外在という在り方が物理的なものの存在の基本ですから、あえて言えば全部外にあるのです。
　つまり、外・内の区別がなくて、いわば全部が開けっ広げになっています。したがって、維持すべき内部というものがありませんから、時の経過とともに崩壊していくだけです。物理的秩序というのは、長い時間を見ればだんだん崩れていくのです。この机や椅子にしても同様で、数千年もたてばそのうち風化してぼろぼろになってしまいます。これが、物理的秩序を貫く大原則であるエントロピー増大則です。要するに、維持すべき内部を持たず、すべてが外にあって、風化にさらされる。空間的に外にさらされるばかりでなく、時間の経過にもさらされて、ひたすら解体という一方向にすべてが進行します。
　ところが、生物という存在秩序になると、内というたえず物質交代を通じて維持されなければならない次元が登場し、その内部はある「自主的」な振る舞いをするように見えるわけです。しかもその内部は、自ら「増殖」していくのです。
　以上で見てきたように、物理的なものも生物も、ともかく私たちのこの現実を構成するすべてが、〈創発による基付け関係の成立〉という形で存立しているのだとすると、創発における相転移によって登場する新たなもの（これを現代フランスの科学哲学者マラテールは「新奇性」と表現しています）は、創発以前のものによって還元的に説明することができないことに注意しなければなりません。

創発以前の「基付けるもの」のレベルの論理では、創発以後に何が（「基付けられるもの」として）出現するかを演繹的に引き出すことができないので、創発以後のものを創発以前のものに還元することはできません。基付け関係における上位の秩序を下位の秩序によって説明することができれば、上位を下位に還元できるわけですが、そうはならないということなのです。これは、上位の秩序の出現は下位の秩序が原因になって惹き起こされた結果ではないということ、両者の間に因果関係はないということでもあります。そして実際、下位の次元と上位の次元の間にエネルギーの出入りは見いだすことができないのです。これは、下位のものが上位のものに何らかの作用を及ぼしているのではないということにほかなりません。
　しばしば私たちは、〈脳内の物理化学的な状態が心の特定の状態を惹き起こす〉と言いたくなってしまいますが、「惹き起こす」ということが「因果関係」を指しているのであれば、この言い方は間違いということになります。脳内の物理化学的状態同士の間には一方が他方を惹き起こすという仕方でエネルギーの移行が認められますが、そうした物理化学的状態と心という意識状態の間にエネルギーの移行は見いだされないのですから、脳と心の間に因果関係はないのです。
　そうすると、因果関係のチェーン（原因と結果を結ぶ鎖）が、基付け関係に立つ下位の層と上位の層の間には存在しないのですから、そこには一種の飛躍や跳躍があることになります。相転移というのはそういう意味で飛躍・跳躍であり、がらっと様相が変わってしまうので、前の秩序の中に後から出てくるものをあらかじめ探すことができないということです。
　このことは、私たちの自然観にある種の大きな変換を示唆する可能性があります。私たちは、古来長らく「自然は連続体である」「自然は飛躍をしない」と考えてきましたが、実際には、システムのある種の大き

な転換の連続でこの現実が成り立っている可能性があり、これが1つの注目すべき論点になるわけです。

例えば、現在の量子力学の標準理論とされるものにボーアやハイゼンベルクたちが唱えた「コペンハーゲン解釈」というものがありますが、この解釈はこの種の飛躍の存在と、還元の不可能性、ならびに量子の振る舞いの予見可能性を明確に示しています。観測以前の素粒子の振る舞いは、観測するために光を当てることで変化してしまいますから、見ることができません。したがって、観測以前の素粒子の振る舞いがどうなっているかは、確率的にしか表現できないことになります。ある素粒子が時間・空間内のX地点に存在する確率はAパーセント、Y地点に存在する確率はBパーセント…といった具合です。

このとき、確率としてしか表現できないという事態を、どのように解釈するかが問題になります。私たちの知識不足ゆえに、あるいは観測手段の不十分性ゆえに、つまり私たちの側の能力の限界のために、私たちにとっては確率的にしか捉えられないのであって、素粒子自体は観測とは独立に特定の時空的な地点を持っている(特定の時空的地点に存在している)という解釈が、一方で可能です。素粒子は、光のもとでの観測以前にもちゃんとどこかに存在している、というわけです。

ところがコペンハーゲン解釈は、こうした解釈を否定しました。「そうではなく、ある特定の確率の範囲内にしか存在しないという存在の仕方があるのだ」というわけです。特定の(確定した)時空的地点を持たず、確率的にしか存在しない。そうだとすると、これは私たちの側の知識の不足や観測装置の不十分さの問題ではなく、存在の仕方そのものが違うのです。つまり、時空内の特定の地点に存在するという存在秩序(存在の仕方)は、観測以前の素粒子にはあてはまらないと考えるのです。あくまでも確率的にしか存在せず、特定の時空的な地点に存在するものではないのですから、私たちがよく知っている通常の物理的存在と

は存在の仕方がまったく違ってくるわけです。

　こうした「確率の雲を被ったような」状態と（量子力学は観測以前の素粒子の状態をこのようにも表現します）、それから光を当てることで時空的にぴたりと地点が定まる在り方（これを「確率の雲が晴れる」とか、「波動の収束」と言います）の間には、存在の仕方において恐ろしい違いがあるわけで、ここに「飛躍」があるわけです。つまり、観測の前と後との間に存在の仕方の大転換があるということになります。

　こういう飛躍を認めることができなかったのがアインシュタインだったことは、皆さんもご存じだと思います。アインシュタインは、ボーアたちのこのコペンハーゲン解釈に最後まで抵抗しました。そのときの彼の言い分が、「自然は飛躍しない」あるいは、「神様はサイコロを振らない」だったのです。こうして見てくると、コペンハーゲン解釈は、私たちの自然観が大きく転換する地点を正確に画した、文字通り「エポック・メイキングな（時代を画する）」ものだったと言っていいでしょう。私たちの自然は、いくつもの飛躍や跳躍を挟んで（この意味で「非連続的に」）展開してきたのです。

2．生命の基本形式

　では、第2節の「生命の基本形式」に話を進めます。ここまで、生命と物質を含んだ世界（自然）の存在の仕方を、「創発による基付け関係」として捉え直してみるという提案をしてきました。それでは次に、生命に話をかぎってみたいと思います。つまり、生命に固有の存在の仕方に注目します。すでにご説明しましたが、生命も「創発による基付け関係」のもとで成立している点に変わりはありません。では、生命に固有の存在の仕方とは、どのようなものでしょうか。

　まず、アメリカの脳科学者であるアントニオ・ダマシオから引用しま

す。

> 「生物を理解する１つの鍵は、その明確な境界、つまり〈内なるもの〉と〈外なるもの〉の分離にある。…有機体（organizm → organis(z)ation＝組織体）の生命は、その境界内の内部状態の維持によって定義される」。「境界がなければ身体もないし、身体がなければ有機体もない。生命は境界を必要とする」。

　先ほど「膜」という言い方をしましたが、境界の一番分かりやすい例は、膜が成立することです。ただし、単に物理・化学的な意味での膜であれば、膜の内と外の区別は相対的なもので、質的な違いはありません。それに対して、その膜の中（内）が独自の・固有の指導原理に従って動く（振る舞う）場合、それは外と質的に区別されて、新しい存在秩序を構成することになります。これが、ここで言う意味での内と外です。
　しかしこの内と外は、今言ったように物理的な意味では行き来をしています。つまり、物質が出たり入ったりしています。いわゆる物質交代や代謝というのは、膜を通して行なわれるわけですから、この意味では膜によって区切られた内と外は相対的であり、質的な区別はありません。
　ところが、その内部が、絶えざる物質交代を通じて「維持」されるべきものとして、それに固有の論理に従って振る舞うようになったとき（このことを引用文は「有機体の生命は、その境界内の内部状態の維持によって定義される」と述べており、後でも触れるように、これを「機能的維持については閉じた系」とも表現します）初めて、厳密な意味での「内」ということになるわけです。内と外が質的に区別された上で（前者は閉鎖系であり、後者は開放系です）、相互に遣り取りが生ずるようになるからです。
　そして、膜を通じて維持されるべきものを、私たちは通常「生物個

体」と呼んでいます。生物個体が行なう物質交代、すなわち新陳代謝というのは、この膜の維持を目的としてなされるわけです。

膜を維持するということは、要するに、その膜によって外とは区別された個体を維持するということです。ですから、生物個体がその膜を維持しているかぎり、その個体は「生きている」と言うことができます。そうすると、この膜の形成、あるいは膜を以って内と外が区別されるような存在秩序の指導原理は何かというと、「すべては、その膜の内部を維持するためになされよ」ということになります。個体の自己維持が、生物にとっての至上命令なのです。

この至上命令の及ぶ範囲は、1個体のレベルを超えて広がっています。個体は有限なのでいずれ死ぬわけですから、その個体を超えて子孫を残し、世代交代を行なうこともまた、生命にとっての至上命令なのです。つまり、特定の個体が死んでも、生命はちゃんと次の個体に受け継がれることを要求しているわけです。

ところで、この膜は明確な境界ではあるけれども、その膜を通じて物質の遣り取りがなされることで個体が維持されるという意味では、個体という内とそれを外から取り囲む環境はもともと不可分だという点も見過ごしてはなりません。次の文章は、レウォンティンからの引用です。

「生物と環境は別々に決定されるものではない。環境は生きている存在に外側から課すべき構造なのではなく、それにより創出されるもの〔である〕。環境のない生物がないように、生物のない環境もない」。

膜というのは、その内と外があって初めて膜なのですから、膜によって隔てられた個体とそれを取り囲む環境は、一挙に成立する1つのシステムです。そして、どちらかがなくなってしまうと、もう片方もなくな

現象と自由　211

ってしまいます。そのときには、単に「すべてが外」でしかない物質の秩序へ戻ってしまうわけです。内と外が区別されるためには、その区別を画する境界を跨いで、常に内と外が交流していなければならないのです。これを、「境界の相対性」あるいは「組織体にとって外部が不可欠」と言うこともできるでしょう。

　個体と環境は一挙に成立するのであって、片方だけで存在するわけにはいきません。そして、個体の維持が生命体に課せられた至上命令ですが、それは絶えず物質交代を通じて、足りなくなったものを補給し、いらなくなったものを排出するという仕方で行なわれます。しかし、その組織体は、個体の物理的な劣化によって寿命を迎えざるをえませんから、それを乗り越えるために生殖によって子孫を残す自己再生産が、生命にとって不可欠の重要な営みとなります。これが、「世代産出（ジェネレーション）」です。

　こうして見てくると、この一連のプロセスにおいて何が至上価値（最高の価値）を持っているかというと、それは生が維持されること以外ではないことが分かります。個体の維持が重要なのは、あくまで個体が生の乗り物だからです。個体の中にしか生命は宿らないので、その意味でのみ個体の自己維持は重要なのです。したがって、生が維持されるならば、個体は変わってもいいわけです。これが「子孫を残す」ということであり、個体は遺伝子の乗り物だというような言い方がされるのも、こうした事情によります。

　ここで重要な論点があります。次の引用を見てください。

　　「〔オート（自己）ポイエーシス（制作）システムは〕物質的・エネルギー的には開かれ、絶えず物質の流出入が起こっているが、自らの機能的維持については閉じた系」（郡司ペギオ・幸夫）であり、「オートポイエーシスの産出的作動の循環は境界そのものを形成す

る循環であり、一般に自己言及的作動の基礎にあって自己そのものを形成する作動」(河本英夫)なのである。

　要するに、「内」を絶えず産出する必要がある、ということです。そうでなければ内と外の区別が成り立たないわけですが、その内は「機能的に閉じた系」なのです。まず生命個体について言えば、これを養い・維持するためには絶えず外から必要なものを入れて、不要なものを外へ出すというプロセスが必要です。ところが、そうやって外から入ってくるエネルギーをもとに構成される内部は、その機能という観点からは完全に自己完結しているのです。
　内と外の区別ができて、物質の遣り取りが膜を境になされます。そういうシステムの維持には、物質的なエネルギーが当然使われます。境界(膜)の内・外の間にエネルギーの出入りがあるわけです。しかし、系そのものの成立は、物質エネルギーによるものではありません。にもかかわらず、先にも見たようにエネルギーの過剰供給といった事態がなければ、新たな系(新たな存在秩序)が成立することはないのです。
　そうすると、ここで問題になっているある種の力の昂進(高まり)は、物理的エネルギーもその一部として含みますが、それに尽きないということになります。エネルギーは、物理的な形で表現すれば、例えば物体がする仕事の量として数値化して表現することができます。ところが、その意味での物理的エネルギーの出入りは、新しいシステムの成立にあたっては一切行なわれていないのです。物理的エネルギーの出入りがあるのは、いったん出来上がった秩序を維持する段階においてであり、これがすなわち、個体が生きていくためには絶えず食べて排泄することを繰り返さなければならないということです。
　そのレベルでは、明らかに物理的エネルギーが重要な役割を演じているわけですが、ここで見過ごしてはならないのは、そういう一連のサイ

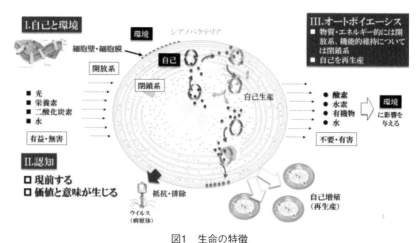

図1　生命の特徴
（角谷直樹・農学博士作成の図を、同氏のご好意で借用させていただきました）

クルの成立自体は、物理的エネルギー（の出入り）によってなされたのではないということです。

　図1を見てください。大きな円で描いてあるのが、細胞膜ないし細胞壁で仕切られた個体としての細胞（シアノバクテリア、藍藻とも呼ばれます）です。この細胞個体の内と外の間は、光や栄養素や二酸化炭素や水が入ってきて、そして酸素や水素や有機物や水が排泄されるという仕方で、物質エネルギーの出入りがあります。この意味では、これは「開放系」をなしています。

　ところが、この細胞個体の内部ではその恒常性を維持するためにタンパク質の合成、DNAの複製などさまざまな活動が営まれているのですが（細胞個体内に描かれた幾つもの小さいサイクルがそれを示しています）、それらはすべて（それぞれの活動に関して）閉じて（完結して）います。すなわち、「閉鎖系」です。そのような活動の成立に関して、外との物質の遣り取りがあったわけではないのです。これが、先に引用が「オート（自己）ポイエーシス（制作）システムは、物質的・エネル

ギー的には開かれ、絶えず物質の流出入が起こっているが、自らの機能的維持については閉じた系」と表現する部分にあたります。

　話を先へ進めましょう。生命を構成する重要な契機として、オートポイエーシス（自己再生産）のはたらきを見てきました。例えば皆さんの体は、今この瞬間にも絶えず自分の体を産出し続けていますから、その意味でも自己再生産ですし、個体の限界を超えるべく子孫を作るという意味でも自己再生産を行ないます。

　単なる（生命を持たない）物質のレベルでは、出来上がった構造体は解体していくばかりで再産出は起きず、ただ崩れていくだけです。これがエントロピー増大則であることは、すでに説明しました。ところが、生命体はこのエントロピー増大則に明らかに違反しており、自己の再産出という仕方で絶えず秩序を回復しています。これが生命の1つの重要な特徴であることは間違いないわけですが、それだけで生命を定義できるでしょうか。アメリカの哲学者デネットから、引用します。

　　「ある種の巨大分子〔＝小胞、ミセル、コロイド粒子…〕は、適切な条件が整った媒質の中に置いておくと、自己自身の完全に正確な複製、あるいはほぼ完全に正確な複製を…構成し、外へ送り出すという驚くべき能力を持っている。DNAとその原型であるRNAは、いずれもそのような能力を持つ巨大分子である」。「自己再生能力を持つロボットが原理的に可能であることは、コンピューターの発明者の一人であるフォン・ノイマンによって数学的に証明されている。生命を持たない自己再生機構に関するノイマンの優れた設計は、RNAとDNAの設計と構造の細部を大いに予感させるものだった」（デネット）。

　確かに自己再生産は生命を形作る上で欠かすことのできない契機です

現象と自由　215

が、しかし、コロイド粒子のようなものも適切な環境のもとでは、自己再生産を行なっています。けれどもコロイド粒子は生命体かと問われれば、答えに躊躇するでしょう。私たちはそれを有機化合物としては見ていますが、生命という概念の中にうまく収めることはできません。

　ロボットの場合も、事情は同様です。ロボットもうまく設計すれば自己再生産できることがノイマンによって証明されていますが、そのことを以って生命と完全にイコールで結んでいいかというと、そうではないでしょう。

　生命を規定する上で自己再生産だけでは不十分なのだとすれば、そこには何が欠けているのでしょうか。この問いに対して、ルイージの見解を以って答えたいと思います。彼によれば、生命を定義するにあたって欠くことができないもう1つの契機は「リコグニション」ないし「コグニション」、つまり「認知」という事態です。

　彼はこの事態を次のように表現します。すなわち、「代謝は環境との相互作用によって進行する生物学的な認知現象である」。つまり生物体は、何を摂取すべきか、何を排除すべきか、何を排泄すべきかをどこかで見分けており、自分の生存にとってプラスの価値を持っているものを体内に取り入れる一方で、マイナスの価値を持っているものに対しては、それからの退避行動を取るわけです。そういう見分けがどこかでなされていて初めて、それは生命の名に値するということです。

　生命体にとってプラスの価値を持つものとマイナスの価値を持つものが、当の生命体に対してそのようなものとして姿を現わさなければ、認知はできません。したがって、認知とは、何かが何かとして姿を現わすこと、すなわち「現象すること」にほかなりません。

　次もルイージから引用します。

　　「オートポイエーシスは、生命にとって必要十分な条件ではない。

オートポイエーシス・システムであることは必要条件ではあるが、生命という過程に至るためには最も単純な形であれ、認知という要素が必要となる」(強調・引用者)。

　彼はこのように述べた上で、「オートポイエーシスと認知の組み合わせが、生命を構成するための最小限の要求なのである」と言っています。何かが何かに対して、認知の対象として姿を現わすという次元が、ある段階で自然界に成立したのです。そして、そのことを以って、生命という新たな存在秩序が成立したと私たちはみなすのです。単に自己再生産するだけではなくて、自己再生産のために必要なものを「認知」というプロセスを通じて調達している存在、これが生命の完全な定義を構成するのです。
　ここで見逃してはならないのは、「現象すること」の基準は価値だということです。つまり、「おのれの生存の維持」という観点ですべてが測られ、この基準のもとでプラスの価値を持つものとマイナスの価値を持つものが姿を現わすのです。そして、そのプラスの価値のものに対しては積極的な行動が行なわれ、マイナスの価値のものに対しては退避あるいは排除(排泄)といった消極的な行動がなされるわけです。
　これまで自然界には存在しなかった価値というものが今や存在し、しかもその価値の出どころは生の自己維持なのです。つまり、生の自己維持といういわば達成すべき目標ないし目的が成立して、その目的の観点のもとで何かがプラスやマイナスの価値を帯びたものとして姿を現わすのです。
　しかも、もう一つ重要なのは、その価値を帯びたものを、自己の内に取り込むか排泄するかという形でこの認知は行動と密接に結び付いていますので、そうすると、何かをその内に取り込み、何かをその外へ排除すべき自己というものもここに姿を現わしているという点です。

現象と自由　　217

自己についての何らかの知が成り立っていなければ、認知されたものをどこに取り入れていいか分からないし、どこへ排泄していいかも分かりません。したがって、この認知の中には、すでに自己もある仕方で現象していることになります。その現象の仕方は、プラスの価値やマイナスの価値を持ったものが現象する仕方とは異なるとしても、です。

　光と、その光によって照らし出されたものの現われ方が違うのと同様、価値の源泉（出どころ）と、その源泉において立てられた基準に従って姿を現わしたものの現われ方は異なります。今の場合、自己は価値の源泉の側に位置しますが、食べ物や排せつ物はその源泉において立てられた基準によって測られて姿を現わした、その対象です。つまり、一方は価値を付与するものであり、他方は価値を付与され・価値を担った対象であって、両者の存在の仕方も現われ方も異なります。しかし、いずれもが認知の内で機能していなければ物質交代は成り立たず、生命は存在しません。その意味で、生命と「現象すること」は不可分の関係にあり、この新たな存在秩序のもとで価値と自己が姿を現わし（そのようなものは生命以前の物質の世界には存在しなかったことに注意してください）、その自己の維持が至上命令（つまり、最終的にして究極の価値）となるのです。

　その場合の自己とは差し当たりは生物個体ですが、個体は、それが生命の乗り物であるかぎりで重要なのであって、その自己の最終的な出どころは生命そのものです。個体を代えてでも存続すべき生命そのものが最終的な自己、すなわち価値の究極の源泉としてここに姿を現わしているのです。

　以上が、生命の基本形式です。最後に、第3節に移ります。

3．自由への萌芽

　生命という同じ存在秩序の中でも植物的な秩序と動物的な秩序の違い

を考えてみると、植物的秩序においては当該の生命体に接触したもののレベルで取捨選択が行なわれます。他方、動物的生命においては、単に直接的接触だけでなく、空間的に遠くにあるもの、あるいは時間的に過去や未来に位置するものも摂取や排除の対象になります。

遠くに敵が見えれば、そちらに近づかないように早めに回避行動を取る。昨日あそこに餌があったので、今日もそこへ行く。さらには、きっと明日も餌があるだろうと考え、現に明日もそこに行く。このような形で、時間的・空間的な広がりが動物的生命においては飛躍的に増大します。

つまり、自然の中に孕まれているある種の自発性、すなわち、力やエネルギーの高まりが、植物的生命から動物的生命への展開と共に時間的・空間的な次元を拡大していくのです。その過程を簡単に図示すれば、次のようになります。

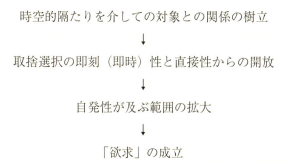

第二段階にある「取捨選択の即刻（即時）性と直接性」とは、時間的・空間的な直接的接触の中で取捨選択が行なわれる植物的生命の基本的な特徴を表現したものですが、動物的生命は取捨選択の自発性の及ぶ範囲が時空的にぐっと拡大します（先の例で言えば、「遠く」のものや「昨日・明日」のものも選択の対象になります）。そして、「欲求」とい

うものがはっきり姿を現します。以下は、第二次世界大戦後アメリカで活躍したドイツの哲学者ハンス・ヨナスからの引用です。

　「〔動物と植物の〕相違を識別可能にするものこそ、運動の可能性である。この相違は、欲求と充足の間に〈隔たり〉を挿入すること、すなわち離れた地点にあるものが目標になりうるということにある」。「知覚〔認知〕は対象を〈ここでなくあそこにあるもの〉として〔空間的に〕示し、欲求は目標を〈まだないが期待されるもの〉として〔時間的に〕示す」。「欲望〔欲求〕は、あらゆる生命が持つ自己への基本的関心が動物の間接性〔隔たりを介して対象を保持＝意識すること〕という条件下で帯びる形式なのである」。

　例えば、アメーバなどの原生生物の生命は、非常に限定された狭い時空内でのランダムな動き、すなわち、行き当たりばったりで、たまたま行ったところでぶつかってきたものが摂取や排除する対象になるという、即時性・直接性のもとで基本的に維持されていました。それに対して動物の運動というのは、特定の対象を「目指して」行なわれるので、原生生物と比べて非常に自発性・能動性が高まった状態と捉えることができます。自らを取り巻く環境の中に時間と空間という２つの軸を設定し（前者の１次元と後者の３次元を合わせて、４次元となります）、その中を動く存在が動物だと言うこともできるでしょう。
　先を急ぎます。生命の基本は、個体ないし生命そのものです。それを、「自己」と呼ぶことができました。この「自己のため」の、あるいは自己を拡大した子孫（さらには私たち人間の場合、自己を内に含んでその存続を保障してくれる共同体）も含めれば「われわれのため」のエゴイズムが、生命の根本動向であると言うことができます。すなわち生命とは、すべてが「自己のために」という力線に貫かれることで当の自己に

対して現象することで成り立っている存在秩序なのです。これはすなわち、エゴイズムが生命の根本論理であり、自発性＝欲望の主宰者としての「自己」がすべての価値判断（「AがBであること」、すなわち「AがBとして現象すること」）の基礎にあることにほかなりません。

　そして、個体は子孫を残すという形で拡大された自己（「われわれ」）へと展開しますから、その場合、「自己のために」は「われわれのために」という形を取ることになります。例えば、親が子のために自己を犠牲にするように見えるとすれば、それは、子孫を残すという至上命令に従っていると解釈することができます。この意味で、「われわれのために」という生の必要に基づく共同体（組織体）が、生命という存在秩序において見られる存在の基本形式だと言っていいでしょう。

　私たち人間の場合であれば、それは血縁や地縁に基づく共同体です。日本という国家なら、それは特定の島々の集合体としての地縁が基盤となります（国家が領土問題に極めて敏感なことは、昨今の私たちの近辺の状況を見ればお分かりでしょう）。ある空間的な単位を基礎にして、しかもその中を血の繋がりが貫通している。あるいは、血の繋がりの延長上に、地縁という空間的な繋がりが織り込まれていくわけです（血縁で繋がっていない異民族の統合などがこのケースにあたります）。そうした共同体が、生命の基本的な在り方に最も忠実な組織体だと言えます。

　ところで、生命の次元においてすべてが「自己（われわれ）のために」という至上命令に服すこと自体は、自己の自発性＝欲求の及ぶところではありません。つまり、生の自己維持は、私たちが生命体であるかぎりでそれに服さざるをえない至上命令ですから、これを私たちが自由にすることはできません。私たちはあくまでその命令に服している存在ですから、まったく自由ではありません。つまり、最終的には生の自己維持というこの至上命令に服してすべてがなされているという点で、自己はまったく自由でないのです。このことを視覚レベルで説得的に例示

してくれるビデオを、見てみましょう。登場人物（？）は、子猫ちゃんたちです。

〈ビデオ上映〉

　子猫たちは、画面のこちら側で振られているねこじゃらしに反応していました。この子猫たちは、大きさからしても、ほぼ同じ時期に同じ親から生まれた、つまり遺伝子を共有した個体同士だと考えられますが、確かにねこじゃらしに対してそれぞれが自発的に反応しています。しかし、その反応の仕方や基本的な動作はまったく同じと言ってよかったですね。

　つまり、これら個体同士の間に個体差というのは基本的になかったわけで、遺伝的な要素と生命の維持のためにという観点からすべてが規整されて（しばしばそれは「本能」と呼ばれます）、おのずとまったく同じ行動が自発性のもとで出現していたわけです。この猫たちを見て、あるいはこの猫たちの振る舞いを見て、私たちは彼ら彼女らを自由な存在とみなすかどうかです。答えはかなり否定的になるのではないでしょうか。

　その理由は単純で、子猫たちの振る舞いが何かに操られているようにしか見えないからです。そして、子猫たちを操る何かとは、とどのつまりは生の自己維持という大原則にして至上命令にほかなりません。つまり、この観点から見れば、私たち生き物はみんな同じものなのです。いずれもが、生命がその上に乗っかるための乗り物であり、その範囲の中で、自発性による偏差はある種の「遊び」というか、生命の自己維持にとってどうでもいい部分として残されているにすぎません。そうだとすると、この種の自発性を以ってそれを「自由」とするのは、おそらく言い過ぎだということになります。というのも、自由という概念を厳密に考えれば、それは次のようなもののはずだからです。

自由とは、自己の意志がすべての起点に立つことにほかならない。言い換えれば、ほかの何ものによっても「させられる」ことなく（例えば、生の自己維持という至上命令によって何かを「させられる」わけではなく）、自ら「よし」としたことを、それを自らが「よし」としたがゆえにのみ行なうこと、これが自由ということである。

このように言ってよいとすると、ここであらためて問わなければなりません。果たして、そのような自由は可能なのでしょうか。さらには、そのような自由に基づく共同体（組織）といったものは、そもそも可能なのでしょうか。
　共同体（組織体）についても、先ほども言ったように、血縁や地縁で結び付いた共同体は生命という存在秩序の中で自然に構成されていきますが、自由に基づく共同体（組織）といったものは果たして可能なのでしょうか。そして、もし可能だとしたら、それはどういう形の共同体になるのでしょうか。
　以下、これらの問いに対する私の答えを手短に述べて、本日の講座をおしまいにします。まず、「そもそも自己の意志がすべての起点に立つこととしての自由は可能なのか」という問いに対して私が用意した答えは、「可能である」です。次いで、「そのような自由に基づく共同体は可能なのか」と言う問いに対しても、私は「あり得る」と答えます。
　どういう筋道を通って、このような自由の可能性と、それに基づく共同体の可能性を論ずることができるかというのがこの次の話になるわけですが、今日その時間はありません。今日の私の話は、この問題の入り口に立ったところで終わりになります。この問題をめぐる詳細な議論は、私の最近著である『私は自由なのかもしれない──〈責任という自由〉

の形而上学』の中に書きましたので、関心のある人はそれを読んでみてください。

　ここでは、その筋道の大枠について少しだけ話しておしまいにします。先ほど触れましたように、自発性というものが、生存の必要の枠内にありながらも、ある種の「遊び」として存在しています。例えば、餌が向こうにあるのでそこへ行かなければならない。これは、動物的生命における至上命令ですが、ただし、（ほぼ等しい所要時間で）向こうに行けるのであれば、右回りで行っても、左回りで行ってもいいわけです。これが「遊び」の部分です。こうした「遊び」の余地が、動物的生命の中で、ある種の力ないしエネルギーの昂進の中から生まれていることは事実なのです。

　先ほどビデオで見た猫たちにしても、細部を見れば微妙に違っているところは確かにあったわけです。これは、生存の維持という大原則から見ればどうでもいい部分が、個体ごとにちょっとずつ違っていたということにほかなりません。でも、この違いは、先の大原則自体に対しては何の影響も及ぼしていないわけです。あくまで先の大原則は貫徹しており、個体ごとのわずかな違いは大原則が許容する範囲内に収まっています。これが、それらの違いが「遊び」と呼ばれる所以です。

　ところが、そうした範囲内に収まっていた自己の自発性が、その範囲を超えて、あくまで自分がそれを「よし」としたから、「よい」と思ったからという、それだけの理由で行動を起こしたとしたら、どうでしょうか。そのとき、その行動は、生命の大原則からの逸脱となるはずです。その場合、生の自己維持とは異なる原理に従って行動したことになるからです。ですが、そのような行動こそ、先ほど述べた、言葉の強い意味での、厳密な意味での自由にほかなりません。

　そうだとすると、自由とは、生命という存在秩序を構成する根本原理を超えた次元に位置するものだということになります。生命は、物理的

存在秩序の中から「創発」という過程を経て出現し、その物理的存在に「支え」られてそれを「包む」新たな存在秩序でした。〈下のものに「支え」られた上のものが下のものを「包む」〉という独特の関係が、「基付け」関係でした。私たちの自然は、このようにして成り立っている生命という存在秩序のもとにありました。ところが、今問題になっている自由は、この自然を構成している根本原理を超えた次元に位置するものかもしれないのです。そして、私たちが、すでに自由であるかどうかはともかく、少なくともその自由を希求する存在だとすれば、そのことは、私たちがすでに何ほどか、自然を超えた次元に足を踏み入れている存在である可能性を示唆します。

　自然のことを、ギリシア語で「ピュシス (physis)」と言います。自然は「フィジカルな (physical)」ものの総体なのです。そして、自由が、そうした「フィジカルな」ものを超えた次元を示唆するのなら、それは「メタ・フィジカルな」次元に位置していることになります。ギリシア語で言えば「メタ・ピュシス」、すなわち「自然を超えたもの」です。先の私の著書の副題に「形而上学」（メタ・フィジックス）という言葉が見えるのは、こうした事情によります。ひょっとしたら私たちの現実の中には、自然を超えた次元が創発を通じて姿を現わしているのかもしれないのです。ご清聴ありがとうございました。

文献

- Damasio, Antonio; *The Feeling of What Happens: Body, Emotion and the Making of Consciousness*, Vintage Books, 2000（アントニオ・ダマシオ『無意識の脳　自己意識の脳——身体と情動と感情の神秘』、田中三彦訳、講談社、2003年）
- ———; *Self Comes to Mind: Constructing the Conscious Brain*, William Heinemann, 2010（アントニオ・ダマシオ『自己が心にやってくる——意識ある脳の構築』、山形浩生訳、早川書房、2013年）
- Dennett, Daniel; Kinds of Minds, BasicBooks, 1996（デネット『心はどこに

あるのか』、土屋俊訳、草思社、1997年）
- Heidegger, Martin; *Sein und Zeit*, Max Niemeiyer Verlag, 1927（ハイデガー『存在と時間』㈠〜㈣、熊野純彦訳、岩波書店、2013年）
- Husserl, Edmund; *Die Idee der Phänomenologie. Fünf Vorlesungen*, Hrsg. und eingeleitet von Walter Biemel. Nachdruck der 2. erg. Auflage. 1973（フッサール『現象学の理念』、立松弘孝訳、みすず書房、1965年）
- Jonas, Hans; *Das Prinzip Leben: Ansätze zu einer philosophischen Biologie*, Insel Verlag, 1994（ヨーナス『生命の哲学――有機体と自由』、細見和之・吉本陵訳、法政大学出版局、2008年）
- 金子邦彦『生命とは何か――複雑系生命論序説』、東京大学出版会、2003年
- 河本英夫『オートポイエーシス――第三世代システム』、青土社、1995年。
- Kauffman, Stuart; *At Home in the Univers: The Search for Laws of Self-Organization and Complexity*, Oxford University Press, 1995（カウフマン『自己組織化と進化の論理――宇宙を貫く複雑系の法則』、米沢冨美子監訳、筑摩書房、2008年）
- Lewontin, Richard; "The organism as the subject and object of evolution", *Scientia* 118, pp.63-82, 1983
- Luisi, Pier Luigi, *The Emergence of Life. From Chemical Origins to Synthetic Biology*, The Press of the University of Cambridge, 2006（ルイージ／白川智弘・郡司ペギオ‐幸夫訳『創発する生命――化学的起源から構成的生物学へ』、NTT出版、2009年）
- Mainzer, Klaus, *Thinking in Complexity: the complex dynamics of matter, mind, and mankind*, Third Rivised and Enlarged Edition, Springer-Verlag, 1997（マインツァー／中村量空訳『複雑系思考』、シュプリンガー・フェアラーク東京、1997年、本訳書は1996年刊の第2版に基づく）
- Malaterre, Christophe, *Les Origines de la Vie, Émergence ou explication réductive?*, Hermann Éditeurs des sciences et des arts, 2010（マラテール／佐藤直樹訳『生命起源論の科学哲学――創発か、還元的説明か』、みすず書房、2013年）
- Maynard Smith, John & Szathmary, Eörs; *The Major Transition in Evolution*, Oxford University Press, 1997（メイナード＝スミス、サトマーリ『進化する階層――生命の発生から言語の誕生まで』、長野敬訳、シュプリンガー・フェアラーク東京、1997年）
- Merleau-Ponty, Maurice, *Phénoménologie de la perception*, Gallimard, 1945（メルロ＝ポンティ／竹内芳郎ほか訳『知覚の現象学』1、2、みすず書房、

1967年、1974年）
- 斎藤慶典『「実在」の形而上学』、岩波書店、2011年
- ───『生命と自由──現象学、生命科学、そして形而上学』、東京大学出版会、2014年
- ───『私は自由なのかもしれない──〈責任という自由〉の形而上学』、慶應義塾大学出版会、2018年

編者　荒金直人（あらかね　なおと）
慶應義塾大学理工学部准教授。1969年生まれ。ニース大学大学院哲学専攻博士課程修了、博士号（哲学）取得。専門はフランス哲学、科学論。著者に『写真の存在論──ロラン・バルト『明るい部屋』の思想』（慶應義塾大学出版会、2009年）、翻訳にジャック・デリダ『フッサール哲学における発生の問題』（共訳、みすず書房、2007年）、ブリュノ・ラトゥール『近代の〈物神事実〉崇拝について──ならびに「聖像衝突」』（以文社、2017年）などがある。

組織としての生命
──生命の教養学 15

2019 年 4 月 25 日　初版第 1 刷発行

編者─────慶應義塾大学教養研究センター・荒金直人
発行者────依田俊之
発行所────慶應義塾大学出版会株式会社
　　　　　　〒108-8346　東京都港区三田 2-19-30
　　　　　　TEL〔編集部〕03-3451-0931
　　　　　　　　〔営業部〕03-3451-3584〈ご注文〉
　　　　　　　　　〃　　 03-3451-6926
　　　　　　FAX〔営業部〕03-3451-3122
　　　　　　振替　00190-8-155497
　　　　　　URL http://www.keio-up.co.jp/
装丁─────斎田啓子
組版─────株式会社ステラ
印刷・製本──株式会社太平印刷社

©2019 Naoto Arakane, Kohji Hotta, Kenichi Bannai, Takashi Toriumi, Sachiko Yamao, Akira Funahashi, Yoshinobu Hayashi, Reiko Kono, Kanichiro Omiya, Fumitaka Kurosawa, Masanaru Tanoue, Yoshimichi Saitou
Printed in Japan　　ISBN978-4-7664-2598-7

慶應義塾大学出版会

慶應義塾大学教養研究センター 極東証券寄附講座 生命の教養学

生命の教養学へ—科学・感性・歴史
慶應義塾大学教養研究センター編 「教養」に基づく領域横断的な新しい「生命」観の確立を目指す書。遺伝子、臓器移植、脳死、感染症、犯罪心理学、身体論といったジャンル横断的な切り口から、複雑な現代生命を捉えるために必要な知識を身に付ける一冊。
◎2,400円

生命の教養学—ぼくらはみんな進化する?
慶應義塾大学教養研究センター編 文理融合・領域横断的なアプローチで「進化」を論ずる。生命科学領域の研究者が「性」「免疫」をテーマに生命進化を論じ、歴史・科学史・文学の研究者が「進化論」を考察する。
◎2,400円

生命と自己—生命の教養学Ⅱ
慶應義塾大学教養研究センター編 今、「自分」が、「生きている」、とは？ 医学、認知科学、天文学、生物学、遺伝学、システム論、精神分析から宗教、文学、アートに至るまで、養老孟司、斎藤環、池内了等の個性溢れる論者が集結。
◎2,400円

生命を見る・観る・診る—生命の教養学Ⅲ
慶應義塾大学教養研究センター編 生命をどう捉えるか?」の問題に対して、「見る」「観る」「診る」という3つの「みる」をキーワードとして設定し、第一線で活躍する論者を迎え、生物学、環境学、物理学、心理学、文学、医学などさまざまな立場から考察する。
◎2,400円

誕生と死 —生命の教養学Ⅳ
慶應義塾大学教養研究センター編 「誕生」そして「死」——この二つの出来事について、私たちは何を考えられるのか。医学、薬学、文化人類学、歴史学、生物学、宗教学、文学、体育学など多彩な分野の講師が展開する、「生」の境界への射程。◎2,400円

表示価格は刊行時の本体価格(税別)です。

慶應義塾大学出版会

慶應義塾大学教養研究センター 極東証券寄附講座 生命の教養学

生き延びること──生命の教養学Ⅴ
慶應義塾大学教養研究センター・高桑和巳編　「生死の先にあるもの」としての「生き延び」「サバイバル」に焦点を当てた論集。遺体科学、政治思想、医療人類学、労働の現場など多彩な切り口で、「生き延び」についての視座を提供する。　◎2,400円

「ゆとり」と生命をめぐって──生命の教養学Ⅵ
慶應義塾大学教養研究センター・鈴木晃仁編　「ゆとり」は生命に何をもたらすのか？　「ゆとり」と「むだ」の違いは？　「ゆとり」を取り巻くさまざま疑問に、人類学、環境学、数学、心理学から現代アート、ロボット工学まで多彩な視点から考察。　◎2,400円

【対話】異形──生命の教養学Ⅶ
鈴木晃仁編／小松和彦・上野直人著　「『異形』をめぐる文系と理系の対話」をテーマに、文系から妖怪研究で著名な文化人類学者・小松和彦氏、理系から発生生物学者・上野直人氏を招いて開催された集中講義を書籍化。　◎2,400円

【対話】共生──生命の教養学Ⅷ
鈴木晃仁 編／深津武馬・市野川容孝著　その関係は、共生？寄生？　それとも平等？　生物学の深津武馬氏、社会学の市野川容孝氏の二人の気鋭の学者が、「共生とは何か？」を、「進化」や「淘汰」とも絡めつつ問い直す、刺激に満ちた集中講義の書籍化。　◎2,400円

成長──生命の教養学Ⅸ
高桑和巳編　慶科学史、教育学、教育心理学、経済史、社会学、経営学、スポーツコーチ学、発生学、地球システム学、進化生物学の専門家が「成長」を語ることで現れる三次元的「成長のホログラフィ」を提示する。　◎2,400円

表示価格は刊行時の本体価格（税別）です。

慶應義塾大学出版会

慶應義塾大学教養研究センター 極東証券寄附講座 生命の教養学

新生 ―生命の教養学 X
高桑和巳編　「生命」の「あらたま」を探し求めて脳科学、発生生物学、分子生物学、生態学、書物史、哲学、日本政治思想史、アメリカ研究、マーケティング、経営情報システム研究の専門家が「新生」を語る。
◎2,400円

性 ―生命の教養学 11
高桑和巳編　すべてのひとが「当事者」である性の問題。セックス／セクシュアリティ／ジェンダーの区別および相互浸透のありさまを段階的に捉える「性の手ほどき」。
◎2,400円

食べる ―生命の教養学 12
赤江雄一編　「食べる」をテーマに、ローカルとグローバリゼーションとの関係、日本における食の持続可能性とその危機、食文化の生成発展のさまざまな姿、また食と健康をめぐる東西の医学の過去と現在、そして食の未来（革命）を語っていく。
◎2,400円

飼う ―生命の教養学 13
赤江雄一編　身近なペットと人との関係、養殖や畜産、そして実験動物から古代ローマの奴隷やナチズム、そして現代日本の人身売買まで見渡す。さらに、人体の腸内の微生物の機能をあきらかにし、飼うことの倫理学を中心に置く。
◎2,400円

表示価格は刊行時の本体価格（税別）です。